U0244600

产品概念手绘教程

HOW TO DRAW

DRAWING and SKETCHING OBJECTS and
ENVIRONMENTS from YOUR IMAGINATION

[英]斯科特·罗伯森　[英]托马斯·伯特林　编著

于萍　译

中国青年出版社　designstudio|PRESS

图书在版编目（CIP）数据

产品概念手绘教程 /（英）斯科特·罗伯森，（英）托马斯·伯特林编著; 于萍译. — 北京: 中国青年出版社，2021.10（2025.2重印）
书名原文: How to draw: drawing and sketching objects and environments from your imagination
ISBN 978-7-5153-6301-1

I.①产⋯ II.①斯⋯ ②托⋯ ③于⋯ III.①产品设计—绘画技法—教材 IV.①TB472

中国版本图书馆CIP数据核字（2021）第021001号

版权登记号: 01-2019-6054

侵权举报电话

全国"扫黄打非"工作小组办公室　　　　中国青年出版社
010-65233456 65212870　　　　　　　010-59231565
http://www.shdf.gov.cn　　　　　　　　E-mail: editor@cypmedia.com

产品概念手绘教程

| 编　　著： | [英]斯科特·罗伯森　[英]托马斯·伯特林 |
| 译　　者： | 于萍 |

编辑制作：	北京中青雄狮数码传媒科技有限公司	印　刷：	北京瑞禾彩色印刷有限公司
中青艺术主理人：张　军		规　格：	889mm×1194mm　1/16
责任编辑：	张军	印　张：	12.5
策划编辑：	曾晟　杨佩云	字　数：	240千字
专家审校：	张雷　苏艺	版　次：	2021年10月北京第1版
书籍设计：	张志奇工作室	印　次：	2025年2月第5次印刷
出版发行：	中国青年出版社	书　号：	ISBN 978-7-5153-6301-1
社　　址：	北京市东城区东四十二条21号	定　价：	168.00元
网　　址：	www.cyp.com.cn		
电　　话：	010-59231565	如有印装质量问题,请与本社联系调换
传　　真：	010-59231381	电话: 010-59231565

读者来信: reader@cypmedia.com
投稿邮箱: author@cypmedia.com

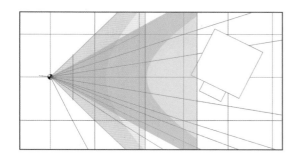
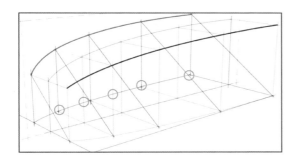
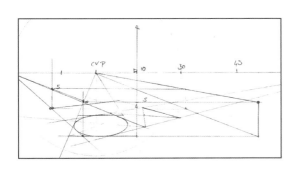

第5章　椭圆和旋转 |069

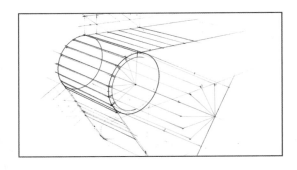

第6章　玩转体积 |079

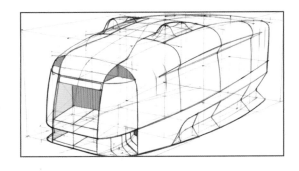

第7章　画环境 |103

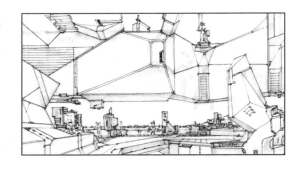

第8章　画飞机 | 121

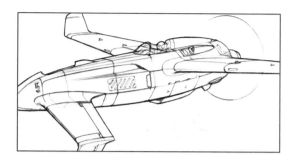

第9章　画带轮子的车辆 | 151

第10章　速写风格和工具 | 187

引言

绘画有一种神奇的力量，它能让人以有别于口头和书面语言的方式进行交流。透视绘画可以表现事物的运作方式和外观形态，就仿佛只要简单的一支笔和一张餐巾纸，便可给人以启迪。

在Design Studio Press出版社创立之初，这是我最先想写的一本书。直到去年三月，出版社已经创立十个年头了，已出版55本书籍，这足以为实现我们的理想计划做好准备！终于，在好友和同事托马斯·伯特林的帮助下，我完成了这本书的写作。在此之前，我已经在自己的工作室和艺术中心设计学院教授这门课程长达18年之久，我也将通过这本书展现我的手绘教学。

编写这本书可谓台上一分钟，台下十年功。我们梳理了15年的范例和课程才呈现出书中的这些内容。这些透视绘画练习并不难，一旦掌握这些知识，你就可以画出任何想象中的草图，像一名设计师一样思考，并创造出在这个世界上人们见所未见的事物。

原创绘画经过精美印刷，装订成册，变得不仅方便阅览，也能让人理解绘画背后的想法和绘画方法。但对于演示步骤而言，视频也许更加清晰直观，因此，本书中相应页面会有教学资源的链接。

儿时的我们大多画过画，我们当中有一部分人一直坚持在画画。虽然本书中的技巧需要通过练习才能掌握，但它是值得的。人类画画已经有四万多年的历史了，因此你即将学到的是最古老的交流方式之一。请投入其中，带着热情完成本书开头的基础练习。当你掌握了这些古老的技巧，将它们传递下去，教会他人用想象力发掘透视绘画的神奇之处。

斯科特·罗伯森

2013年5月31日

加利福尼亚州洛杉矶

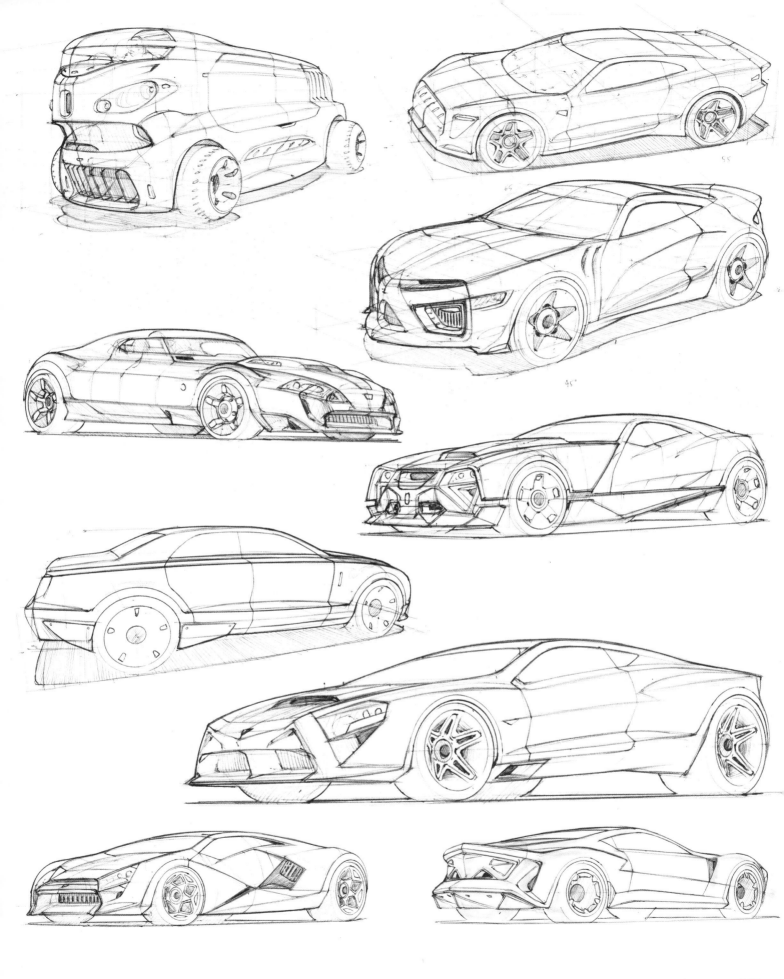

第1章　绘画工具和技法

在本章中，我们将学习的是绘画的基本工具和技法两部分内容。工欲善其事，必先利其器。速写的主题和内容不同，所需的材料也不尽相同。快速而随意的速写需要笔墨流畅，有时需要轻轻下笔来寻找"意外的惊喜"。严谨的绘画需要更多的精力。最好是用同一支笔画粗细不同的线条。为了保证作品流畅，需要搭配使用不同的纸笔。当你找到最喜欢的笔时，一定要多买几支！因为有时候你最爱的那一支笔可能很快就会停产了。

培养绘画技巧对于画好画来说是一个很重要的因素。画一条直线、一个椭圆或一条曲线似乎很简单，但这些技巧需要嵌入肌肉记忆里，这样注意力才能集中在物体构图上，而不是在考虑怎样画线。同时，这些技巧有助于令画面更加干净整洁，并且，减少使用绘画工具的种类也可以提高绘画效率。

培养肌肉记忆需要时间和练习，所以耐心一些！逐步完成这些练习，你的技能很快就会得到提高。

1.1 选择绘画材料

刚开始材料的品牌并不重要，所以不需要花太多钱在材料上。
下面让我们了解一些材料选择的标准吧。

基本工具

1. 圆形模板

圆形模板对于画一个干净整洁的圆形来说非常有用，特别是在侧视图中。也可以使用圆规，但圆形模板用起来会更便捷。

2. 曲线板

曲线板包含了最常画的汽车曲线，但不要依靠它们来完成你的设计。徒手画线条，然后用曲线板调整线条。

3. 棉布、纸毛巾或纸巾

要经常擦拭圆珠笔，以防止圆珠笔的笔墨染在纸上。

4. 等分尺

对一段距离进行平等分割时，等分尺是一个使用起来非常得心应手的工具。

5. 直尺

使用底面印有网格的直尺。

6. 椭圆模板

可以用椭圆模板调整半圆形。推荐埃尔文和皮克特，这两个品牌在大多数情况下都适用。一套好的椭圆模板是一种投资，它可以用几十年，是非常值得的。

1.2 选择笔和纸

绘画线条粗细不同，需要搭配不同的笔和纸。最理想的状态是同一件绘画工具既可以画构图线，也可以画轮廓线。

圆珠笔

纸张

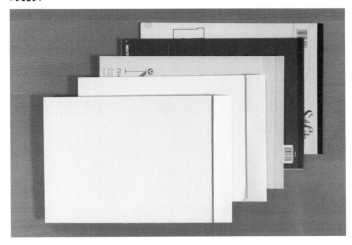

衬垫

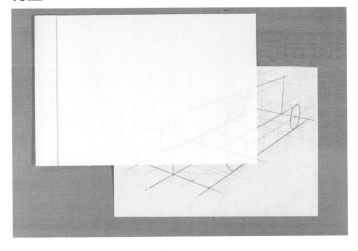

圆珠笔

选择圆珠笔的时候，在最常用的纸上试一下，看看画多条线条时笔尖会溢出多少墨水。最好是一支笔画出至少十条线而不溢出多余的墨水。

切勿擦除

在速写的绘画中，可以擦除并不是一个优势。相交的构图线太多，擦除几笔而没有任何破坏几乎是不可能的，而恰恰是这寥寥几笔对于解释绘画意图来说至关重要。另外，擦除会降低绘画效率。

无法擦除时该怎么办呢？轻轻下笔就好了。当然，有些线条可能画错，可以稍后用线条叠加的方法试着覆盖。

不同类型的画材组合例子详见本书最后一章。选择一张与你喜欢的绘画工具相搭配的纸张。比如用一支流畅的圆珠笔可以很快地在一张糙面纸上画出粗细不同的线条。

纸张种类

多尝试几种纸笔搭配，直到找出你最喜欢的那一种。便宜的复印纸或专用纸都可以。有几种专用纸无论是马克笔还是钢笔都适用。注意这些纸张都有两面，一面是带蜡的纸面，另一面是原纸。一定要画在原纸那一面，因为带蜡的那一面是用来防止马克笔的墨迹洇透纸张的。如果墨水可以洇透纸张，那么用马克笔在这种纸上绘画体验就会很差。

绘纸表面的柔软度

这里指的不是纸张本身，而是如何使用纸。绘纸表面柔软可以保证最好的线条质量。不要在坚硬的表面铺上一张纸就开始绘画。至少要垫15张纸，尽可能保证线条质量。

运用底衬

纸张的透明度要足以看清底衬，但看不到桌面。

1.3 绘画技巧

绘画需要集中精力！起初，你需要将大部分精力放在技巧和构图上，将很小一部分精力放在设计上。随着越来越多的技巧和构图能力变成肌肉记忆，设计便逐渐成为你的重点了。这个过程的第一步就是画线条的基本技巧：直线、可控的曲线和椭圆。本书中有很多相关技巧练习，随着技巧的提升，这些练习就逐渐没必要做了。下面先热热身吧。

搭建工作区

腾出空间！ 为了保证精力集中，最好是腾出足够的空间和时间来集中精力绘画。清理好工作台面，准备好工具。若找不到钢笔或直尺等工具，就会打破流畅性。最糟糕的是找不到绘画节奏，十分钟前很清晰的东西需要再花十分钟理解。此外铺一个软垫，再垫上至少15张纸以保证最佳的线条质量。

能够画点对点的直线和格子里的直线对于掌握本书中的所有技巧来说至关重要。这些练习似乎很简单，但做好这些练习意味着需要经过大量绘画练习，直至形成肌肉记忆。

学习画一条直线

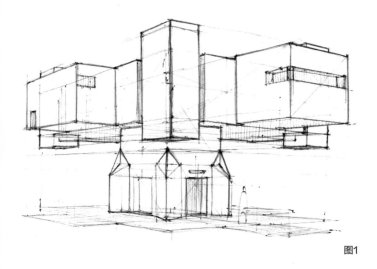

图1

画直线必须参考人体力学。你只需要学习如何画一个方向的直线，然后旋转纸张，就可以改变线条方向了。若没有这个技巧，纸张在固定位置保持不动的话，你就需要学习画无数种方向的直线了。

用整个手臂绘画！ 画长线条时，要运用肘部和肩膀关节，只用手腕是几乎不可能实现的。

慢慢画！ 一开始是需要可覆盖、可掌握的线条。一次性画完一条线，不要反复描摹使线条杂乱。

隔空画线！ 将笔悬空于纸上，完成绘画动作。找到正确的方向时再下笔。

线条是否弯曲？

图2：当你感觉画的是直线，而最终呈现出来的却是曲线（红色线条）时，就需要重新培养肌肉记忆了。最好的修改方式是画一条与对面的曲线相对称的线条（绿色线条）。经过一些练习，画直线的感觉和最终画出的成品就会吻合（蓝色线条）。

图2

1.4 练习徒手画直线

画平行线

图3：开始先画短线条，差不多3英寸（7.62cm）以内，再逐渐加长线条长度画满整张纸。这个过程中要确保运用整个手臂，有意识地下笔。应该画出同等长度和等间距的线条，轻轻地画。这些都是画构图线的基础。

图3

点对点连线

以下是两种练习方法。

图4：在纸上点几个点，然后将它们连接起来。记得调整纸张方向，让身体找到最舒适的绘画姿势。稍微超出这些连接点没有关系，保证流畅度就可以。

图5：画几条相交于同一个点的线。从交点之外的任何点开始，画一条穿过交点的线，多重复几次。

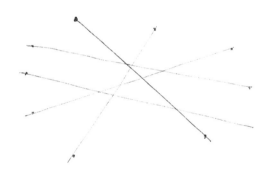

图4

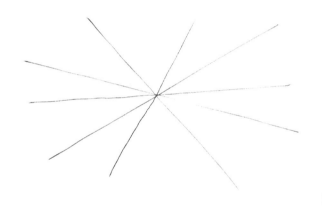

图5

画透视盒子

图6：练习画直线的一个有趣方式便是画单点透视盒子。画一条水平线，选择一个消失点。然后画一个矩形，矩形的四个角与消失点连接。在该矩形与消失点之间再画一个矩形，这样，一个盒子便画好了。记得把盒子后面看不见的边也画出来。轻轻地画出整个盒子的构图线，然后将盒子内部的边和外部轮廓都加黑。轮廓线要更黑一些。通过多次描摹，表现出不同的线条粗细。

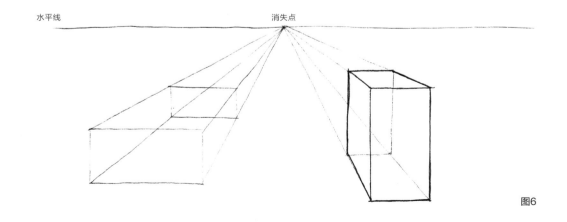

水平线　　　　　　　　　　　消失点

图6

1.5 X-Y-Z坐标系

透视速写需要理解X-Y-Z坐标系。每条轴线都指向一个消失点，每个面都与其轴线垂直（图7）。对在哪个面上绘画了然于心，才能把控好整幅绘画作品。这个系统不仅适用于盒子速写，而且适用于所有复杂的图形。当盒子的所有面均不与观察者垂直时，就需要两点透视了。

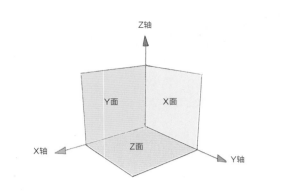

图7

画两点透视盒子

第一步，图8：画水平线。然后画盒子前面的角。这样X、Y、Z轴就建立起来了。

图8

第二步，图9：将X轴和Y轴延长，直至与水平线相交。左边的交点为左消失点，右边的交点为右消失点。

图9

第三步，图10：将垂直线的顶端与左右消失点连接，然后在中间添加任意两条垂直线。

图10

第四步，图11：将两条新增垂直线的顶端分别与左右消失点连接，并将背后隐藏的垂直线补充完整。盒子便画好了。

图11

第五步，图12：将盒子可见部分的边加黑。绘画作品中仍然有浅色的构图线。这就是"画穿"的意思，这对于掌控整个画面来说大有裨益。

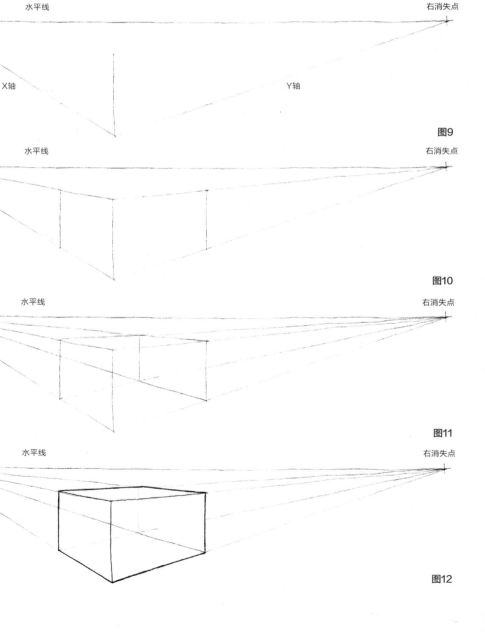

图12

1.6 徒手画平滑的曲线

绘画时不仅需要画直线，还需要画曲线。本小节将介绍如何画平滑曲线的技巧：在侧视图中，所见即所画；而透视图中，曲线的造型会随着角度的变化而改变，曲线的变化之大有时会让你感到惊讶。

图13

穿过多个点画曲线

最好的曲线是平滑而优雅的。最好的方法是分段画曲线：以点为路点（引导点），穿过路点画曲线，注意不要把引导点当成终点。否则这些分段就需要反复画，产生模糊或毛躁的线条。多加练习，防止出现诸如此类的情况。

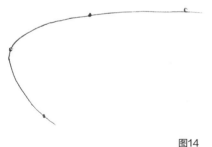

图14

图15

图16

正确的做法

图14：根据设计的构思放置各个点，然后穿过这些点画一条平滑的曲线。画的时候旋转纸张，运用手腕和手指画出自然曲线。分段画曲线也没有关系，没有必要将其画成一条连续的线。

错误的做法

图15：画成带有边角的曲线。将这些点视为路点而非终点就可以避免这种情况。

错误的做法

图16：画成毛躁的线。集中精力，按部就班地画。尽可能地控制线条，在保证高质量的前提下反复练习。

1.7 徒手画椭圆

椭圆经常会出现。在透视中它们其实是圆形。轮胎和仪表盘就是典型的椭圆，另外在旋转门和旋转物体的构图中也有椭圆。

图17

画一个椭圆，添加短轴

第一步，图18：徒手画一个椭圆，注意使用整个手臂。

第二步，图19：注意要轻轻地画。然后，用椭圆模板调整画面。即使你画的椭圆不正确也不要反复描摹，因为这样会让线条颜色过深，从而使错误变得更明显。

第三步，图20和图21：检查确保椭圆没有平点，没有不匀称。

第四步，图22：在椭圆中画一条短轴。短轴是一条从椭圆较窄的一边将椭圆等分的线。短轴对于画带透视的椭圆来说至关重要，所以有必要找到并控制好它。

第五步，图23：用椭圆模板或其他工具进行二次检查。

第六步，图24：沿着短轴折叠纸张，对着光检查椭圆的两半重叠情况。

适宜的线条粗细度

图18

太黑，线条太多

图19

平点

图20

尖锐

圆滑

图21

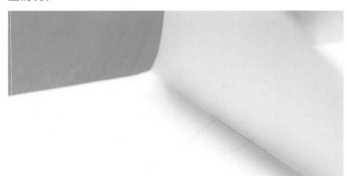

图24：沿着椭圆上的短轴将其折叠

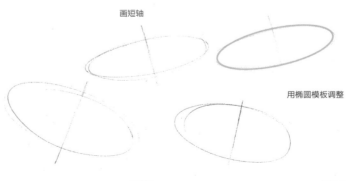

画短轴

用椭圆模板调整

图22

图23

视频讲解

1.8 在短轴上画椭圆

现在反过来。先画短轴（图25），然后在上面画椭圆（图26）。旋转纸张，找到最佳角度，使椭圆的两侧对称。

注意确保椭圆对称，检查它是否在短轴上。短轴需要位于所画椭圆的中间并垂直于椭圆。

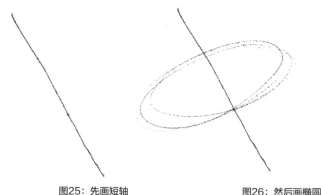

图25：先画短轴

图26：然后画椭圆

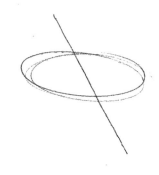

图27：垂直，但不对称

图28：椭圆与轴不垂直

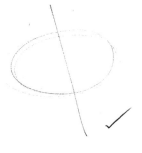

图29

根据短轴和宽度画椭圆

图30：画短轴，然后在其左右两侧各画一条边线。确保外面这两条线对称，否则无法画出合适的椭圆。

图31：在短轴上依次画椭圆，根据新增两条边线的宽度画椭圆。同时调整椭圆长轴宽度（从上到下）。

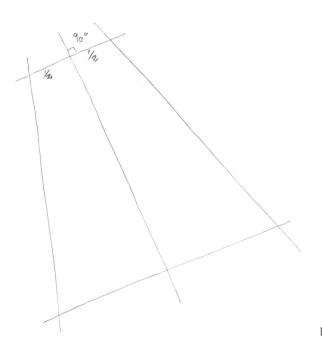

图30

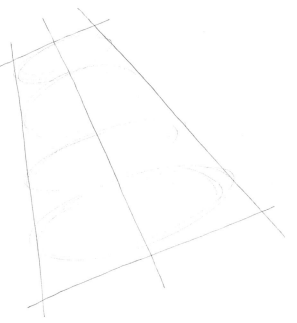

图31

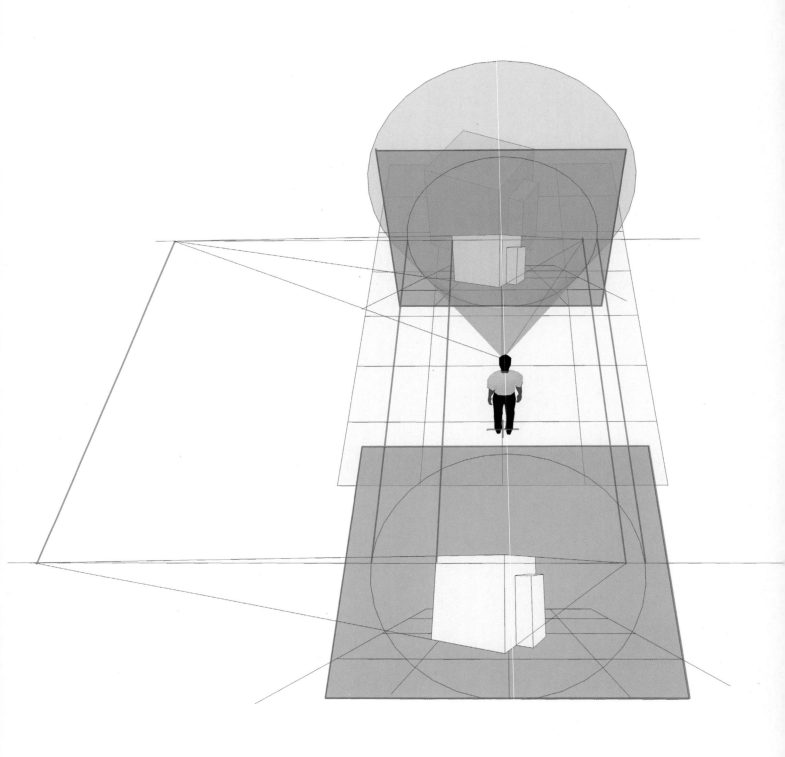

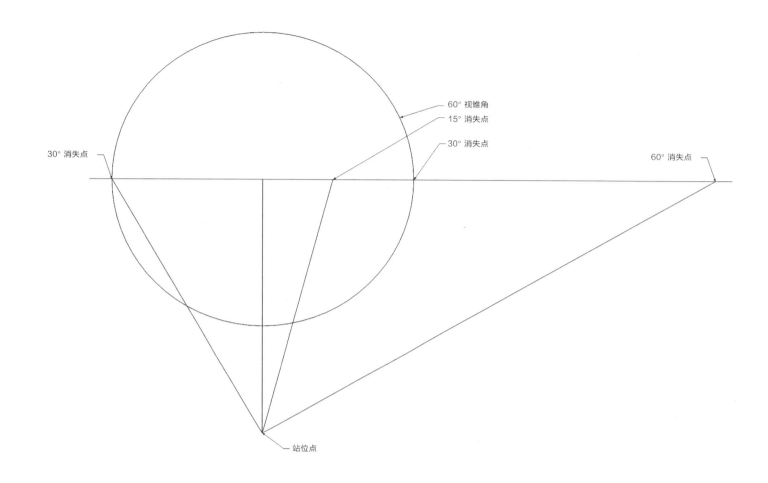

60° 视锥角

15° 消失点

30° 消失点

30° 消失点

60° 消失点

站位点

第2章　透视术语

通过阅读本章，熟悉并学习透视术语知识。 这些术语和原则将指导你，在透视绘画和设计物体与场景时会起到至关重要的作用。

记住：你所看到的画面不是被创建出来的，而是被模仿的，因为纸上不可能有立体视觉。人之所以能看到三维景观是因为人的双眼，透视绘画欺骗了我们的眼睛，使我们能在纸上看到三维景观。

本章将阐述在纸上构建最佳视觉幻象的规则。一旦掌握了这些规则，你可以有意识地去突破它们。但是如果你一不小心打破了这些规则，就会破坏想传递给观赏者的东西。例如，你想给他人展示一幅他将要入住的房产图。这幅图风景优美，房屋美观。问题是，他们总觉得哪里有点奇怪却又说不上来。这个问题的原因便是这幅图中透视不准确。这样的情况不应该发生，因为你的目的是讨论房产，而不是透视。这不是你的本意，因为透视不准确让观赏者偏离了目标。

了解了透视的基本规则，你就可以加入到对透视知识的讨论和探索中了。很多书中都深入讲解了这些术语，你也可以继续研究。加入探索问题、发掘答案、赏析作品、帮助他人的队伍中来吧。

2.1 从观察点定义透视

定义观察点对于掌控透视绘画来说至关重要。记住,绘画就像摄影,界定站位、取景方向、镜头的使用至关重要。这也同样适用于预估透视、构建的透视甚至是计算机生成的透视。这些透视规则需要掌握,因为一旦破坏透视规则,一眼就能看出问题来。

定义视角

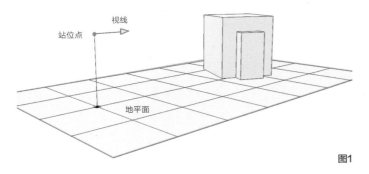

图1

图像平面

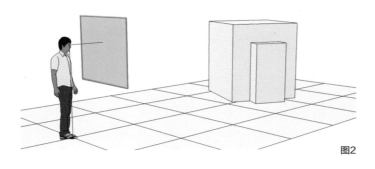

图2

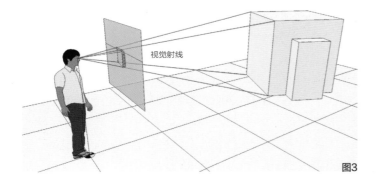

图3

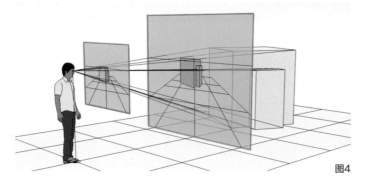

图4

让我们看看下面的场景。有人用相机拍摄并分享了一幅宏伟的建筑照片。另一个人在同一个地点游览的时候想拍一张同样的照片。为此,第二位摄影师需要知道地点、取景方向和使用的镜头。绘画也需要相同的信息。

地平面
图1:照片拍摄的地点和方向。可以是街上、桥上或沙滩上。摄影师站或坐的平面即为地平面。在地球上这很简单,但是在外太空呢?在太空中,仍可以认为站或坐的宇宙飞船上的地面为地平面。如果没有宇宙飞船怎么办?那就把脚底延展出去作为地平面。

站位点
地平面建立起来后,接下来是相机的位置和高度,或者绘画时眼睛的位置。在绘画作品中,这个点称为站位点。将站位点想象成太空中一个任意方位的点。

视线
眼睛看的方向即视线。视线同时决定了正在看的方向和即将转向的方向。

在图1中,视线与地面平行。这种情况下的单点透视和两点透视中,所有物理垂直线在绘画中都是垂直的线条。倾斜视线(视线与地面不平行)就会形成三点透视,甚至是五点透视。对于初学者来说,建议保持视线与地面平行,这样可以使构图相对简单。

图像平面
图2:图像平面是记录图像的面。把图像平面想象成钉在眼前与视线垂直的玻璃。

图3:下面要采集图像了。闭上一只眼睛,将你看到的玻璃背后的景象画在玻璃上。视觉射线从眼睛到物体,穿过图像平面。将图像平面上的映射点记录下来。这就是透视绘画。

图4:从图像平面到站位点有多远?在这个构图中这不重要。将图像平面向远处推移,画面会更大一些,但始终不会改变绘画本身的比例。事实上,当画家真正在玻璃上绘画时,手臂长度则会成为限制距离的因素。

2.2 视锥角

图5：看一看图像平面玻璃上采集到了什么，特别注意地面上的直角。距离盒子较近的正方形与距离观察者较近的正方形相比，前者变形较小。采集的图像多少有点变形是没有错的，但近处的正方形总是由于过度形变让人难以理解。它们可以说是正方形，但看起来更像长方形。

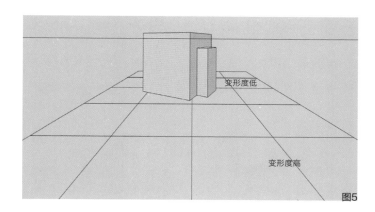

图6和图7：回到相机的类比，是时候选择镜头了。广角镜头和长焦镜头都可以。特定的镜头决定了这个区域内通过镜头进入视线的范围，也就是绘画中进入画面的内容。这里假定相机拍摄的是正方形的照片，如图2中所示的正方形图像平面。

轻微的变形是可以接受的，最佳镜头为35毫米镜头。在画面中对应的就是60°视锥角。这是如何决定的呢？每个镜头都有其特定的可视区域，而60°接近于35毫米镜头所看到的。画面中的绿色圆锥体即60°视锥角，红色为90°视锥角。

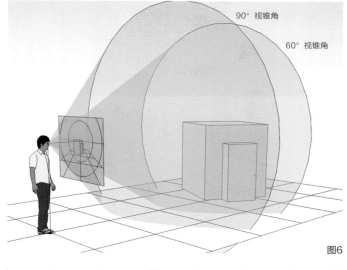

图8：视锥角已经添加到绘画中了。有两个圆形，内圆代表60°视锥角，外圆代表90°视锥角。很明显，与90°视锥角范围内的变形相比，60°视锥角范围内的变形较小。

不同透视中的视锥角度数

绘画的时候，最好是在纸上实现空间最大化，不要画变形度太高的物体。以下是不同透视结构中视锥角度数的建议。

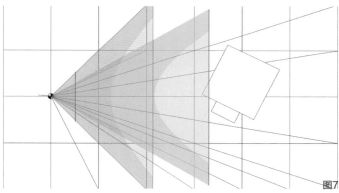

单点直线透视视锥角：50°

单点透视很容易变形。为了避免变形，应将绘画控制在50°视锥角以内，低至40°也是可以接受的。注意，视锥角太小，透视就会过于扁平，就像长焦镜头视角一样。

两点直线透视视锥角：60°

在这里视锥角的选择范围更广一些。因为边角附近更容易变形，所以边角附近最好不要设置任何重要的绘画元素。60°视锥角适合大多数绘画。

三点直线透视视锥角：60°

仍然建议将视锥角控制在60°以内。

五点曲线透视视锥角：开放式选择

在五点透视中，任何度数都是可以的。注意，无论以多少角度画，都会像广角镜头视角一样。范例请参阅第45页。通过透视可以看到一般视角以外的物体。这时要注意构图。一定要再次检查所有的线条，因为靠本能很容易弄错。

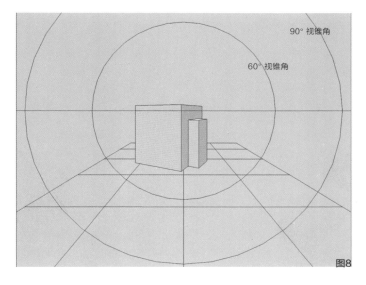

2.3 在图像平面上寻找消失点

拿出一张纸，模仿玻璃板。只要知道消失点的位置及相互关系，构建透视网就很容易了。

图9：延长盒子的平行线，每一组平行线都在一个消失点相交。

绘画中用到的字母缩写：

SP   站位点
HL   水平线
CVP   中心消失点
LVP   左消失点
RVP   右消失点
45VP   45°消失点，其他角度同理

图10：要找到任何一组平行线的消失点，需要运用顶视图，平移其中一条平行线，直到它与站位点相交。

然后，找到这条平行线与水平线的交点，这就是消失点。

下一步是将这个构图抽象化，减少线条，以便找到任意一个消失点。

图11展示的是顶视图与图像平面的结合。这样可以节省空间，提高效率。这种方法叫作透视绘画视觉射线法。

从站位点到消失点的两条线形成一个90°的角。在透视绘画中构建含有90°角的物体时，这个90°角可以找到所需要的水平线上的两个消失点。

从站位点到水平线可以画一条垂直线。这条线与水平线的交点为透视构图中的中心消失点。

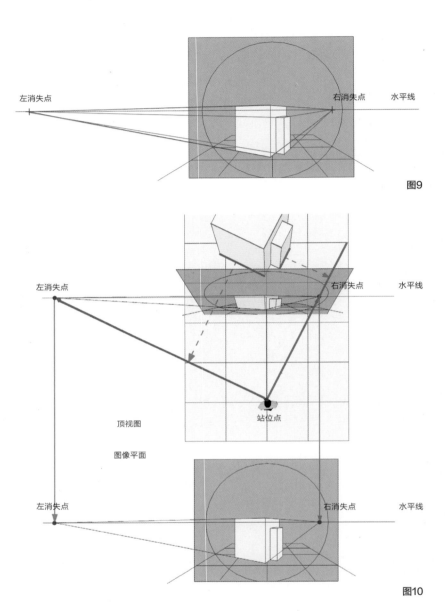

图9

图10

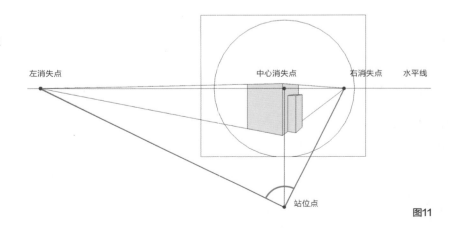

图11

图12：同时旋转这两条90°的线，找一组新的90°消失点。以站位点为旋转中心，旋转角度不限。这里是顺时针旋转的两条90°线条，因此都会与水平线相交并且处在同一平面上。

图13：再放置一个新的长方体需要运用新的一组消失点。两个方块处于相同的地平面上，并且在观察者的视角下旋转不同的角度。
常见的错误是旋转的物体看起来像是漂浮在地面上或是倾斜的。产生这种问题的原因是消失点与视锥角不匹配。

图14：从站位点到水平线做一条垂直线，测量消失点与它的偏离角度就可以找到任何一个消失点的角度。一个长方体，其左右消失点的偏离角度相加等于90°。注意角度的配对使用，不要与其他混淆。

图15：到这里，范例中随机成对的消失点都已经找到了。现在应该寻找常用的配对消失点了。除单点透视外，常用的消失点组合为75°/15°、60°/30°、45°/45°。再看看30°消失点，60°视锥角的边缘穿过这个消失点，视锥角的中心即中心消失点。

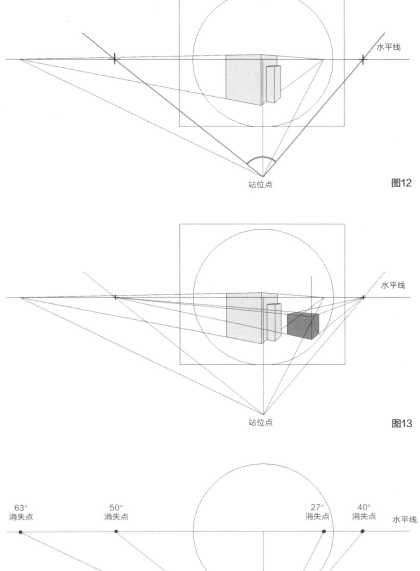

图12

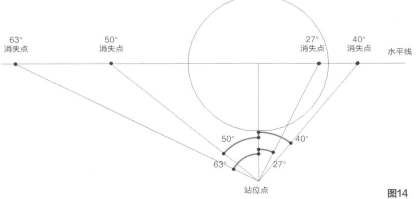

图13

图14

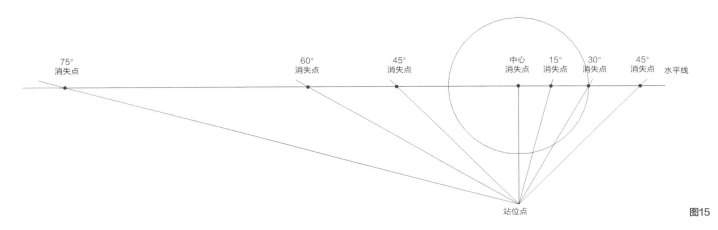

图15

2.4 物理平行线在同一个消失点相交

一般而言，物理平行线在同一个消失点相交，但任何事情都有例外。单点透视和两点透视的线性结构中就有这样的例外。因为物理平行线不在同一个消失点相交时，单点和两点透视结构的效果更好。

不含相交线的单点透视

单点透视只有一个相交点，即画面深处。任何与图像平面平行的线条或是说与观察者垂直的线条都会伸缩，但不会相交。

在图16中，垂直线和水平线都不相交。另外，与图像平面平行的平面上的所有成角线条也不相交。

这种情况下，单点透视方便快捷，非常有用。因为只需考虑一个相交方向和一个消失点。

作者：丹尼·加德纳

图16

不含相交线的两点透视

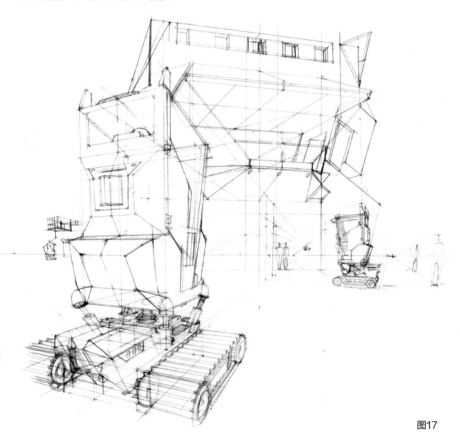

在两点透视中，除垂直线外的所有物理平行线都相交。垂直线保持竖直不相交。

垂直线与水平线呈直角，两点透视画起来就方便快捷了。缺点是，如果60°视锥角消失，两点透视很快就会变形。这就需要通过仰视或俯视的三点透视来使画面更加生动。

图17

2.5 站位不同，视平线不同

变换高低站位，视线与地面保持平行

当站立点高低变化时，视平线会有什么变化？让我们回顾一下这些情景设置。左侧是侧视图，右侧是眼睛看到的蓝色部分图像平面。在视锥角内，高度有所不同，但视线与地面保持平行。在该物体上有三条高线，每条都与观察者的眼睛高度一致。

观察例子里的物体时，要注意相应的高线都在水平线上而与之平行，而其他高线则是相交的。最重要的是随着站位点高低变化时，视平线也相应发生高低变化。

两点透视中垂直线与视平线呈直角，而这些变化会影响物体进入视锥角的大小。

图18：想象自己站在一个大方块上，目视前方。高线与视平线重合。因为视锥角上移，物体底部有一小部分在视线范围内。

图19：站在地面上，整个物体都在视锥角内。上半部分高线与视平线相交，中间的高线与视平线重合。

图20：站在一个坑里，高线与这个较低的站位点重合。现在物体的顶端在视锥角范围外，而视锥角范围内的很大一部分则是地面。

倾斜头部，或视线与地面不平行

头部倾斜时，视线、视锥角和图像平面都会随之移动。在线性透视中就要使用三点透视，值得注意的是垂直线开始相交。我们可以观察到高线依然在视平线上，但现在视平线随着视锥角的变化而移动，视锥角并没有被分为相等的两部分，而当视平线平行于地面时，视平线将视锥角一分为二。

图21：仰视，垂直线相交，物体底部不在视线范围内。

图22：俯视，垂直线向底部相交，物体顶端不在视线范围内。

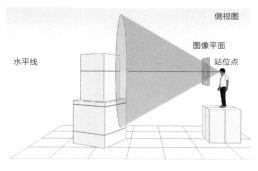
侧视图 / 水平线 / 图像平面 / 站位点

图像平面
图18

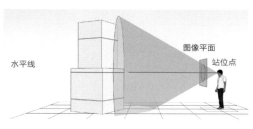
水平线 / 图像平面 / 站位点

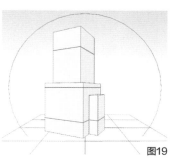
图19

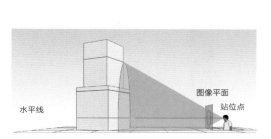
水平线 / 图像平面 / 站位点

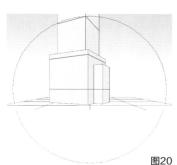
图20

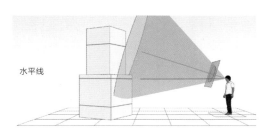
水平线

图21

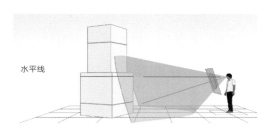
水平线

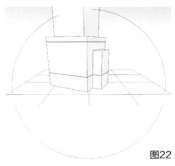
图22

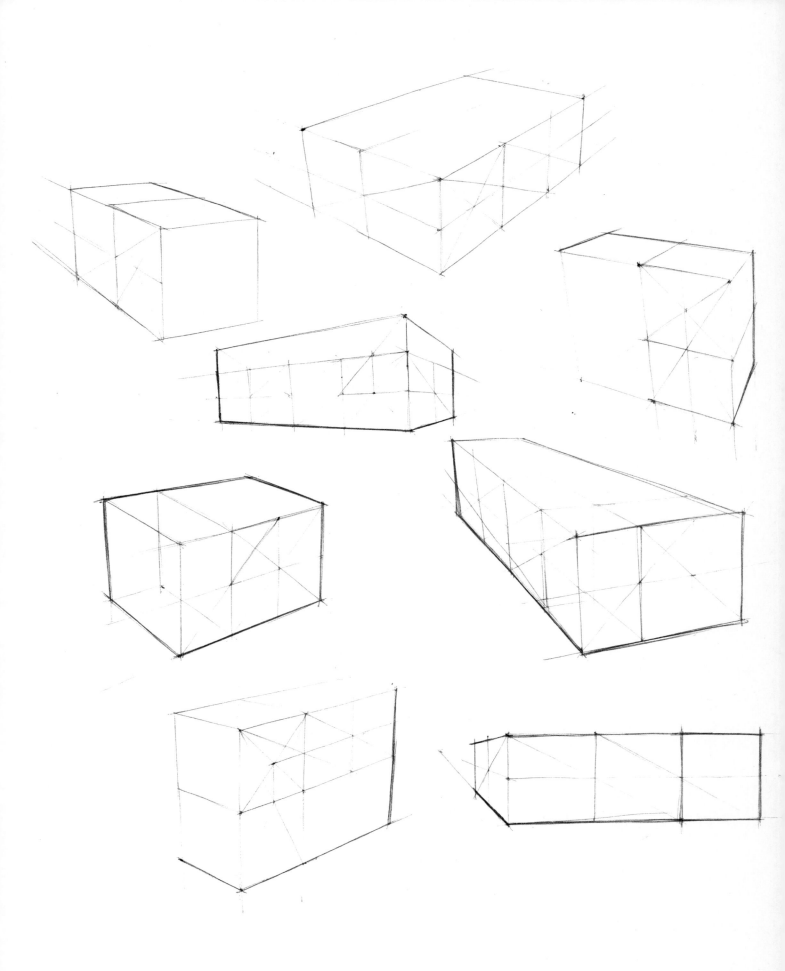

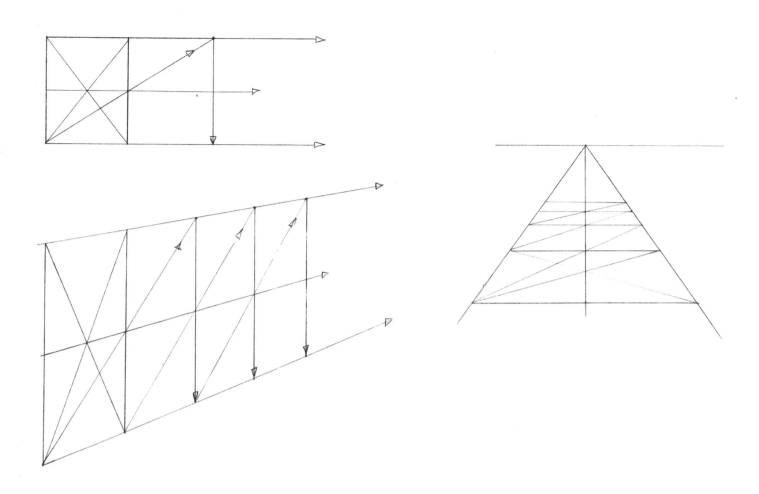

第3章　透视绘画技巧

下面我们即将运用前两章学习的绘画技巧继续深入学习。本章将学习的是结构技巧，这是手绘速写的一个有力武器。

透视绘画的目标之一便是可以画出空间中的任何一个点。连接两个点构成一条直线，连接多个点构成一条曲线。直线和曲线是让想象中的物体跃然纸上的基本要素。

复制、分割、映射线条和物体的能力在透视绘画中不可或缺。掌握这些基本技巧，你就可以画更加复杂的画了。

因为空间较小，线条太多，所以轻轻下笔很重要。使用同一支笔，不要擦除。

为什么使用同一支笔？换笔只会降低速度，分散注意力。

为什么不要擦除？画面线条太多，擦除的时候难免会擦除几条需要的线条。相反，若轻轻下笔，则微小的错误可以忽略。尽量坚持在原图上画，之后可以通过覆盖的方式整理画面。

3.1 透视中面的增减

在透视中增减面是绘画的关键能力之一。这些矩形提供了绘画框架。

它的优势是不需要测量，因为测量非常费力。左侧是正交结构，右侧是透视示例。正交视图的技巧也同样适用于透视绘画。

在透视中将矩形一分为二

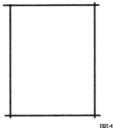

图1

第一步，图1-3：首先，画一个矩形。一定要保持在视锥角以内，防止出现意想不到的后果。

第二步，图4-6：连接对角，画对角线。轻轻下笔，因为在最后的作品中，这些线都要去掉。

第三步，图7-9：经过交点画一条竖直线，将矩形竖直地一分为二。

在正交视图（图7）中，矩形被平均分割。

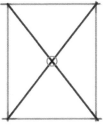

图4

在透视图（图8和图9）中，矩形也被平均分割，但遵循的是透视规则。距离较近的两条线之间的间距比距离较远的两条线之间的间距宽一些，这称为透视缩短。

图7

第四步，图10-12：水平分割也是如此。注意竖直或水平线与透视网格一致。

第五步，图13：运用这一技巧进行更小的分割。这个结构已经被进一步分割成了四分之一和十六分之一（粉色阴影）。

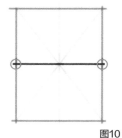

图10

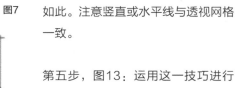

图13

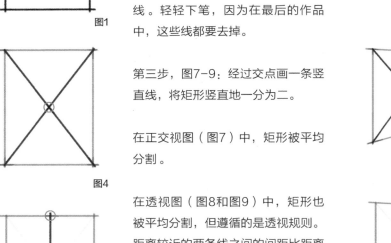

图2

图3

图5

图6

图8

图9

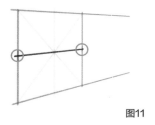

图11

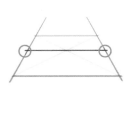

图12

3.2 在透视中复制矩形

反过来，运用分割矩形的方法来复制矩形。这适用于搭建对称物体，因为复制线也可以是中线。

图14

第一步，图14-16：画一个矩形，确定复制的方向。因为高度始终保持一致，所以向复制方向延长这两条线。

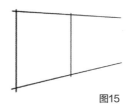

图15

图16

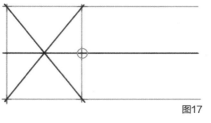

图17

第二步，图17-19：找到复制轴的中点。可以通过对角线来找这个点，也可以通过估量水平线上或垂直线上的中点来找到这个点。

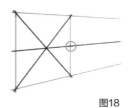

图18

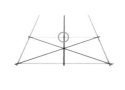

图19

第三步，图20-22：将矩形较远的角与中点连接，画一条对角线，直至其穿过延长线。

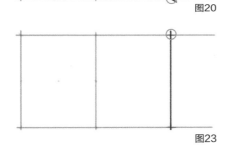

图20

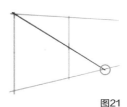

图21

图22

第四步，图23-25：经过交点画一条平行线，找到复制矩形的边缘。

图23

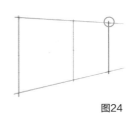

图24

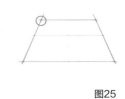

图25

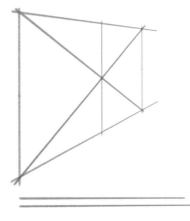

图26

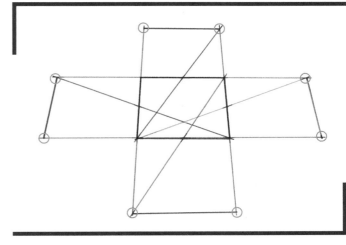

图27

小贴士　图26：画线的时候选择较短的线（绿色）。这里会有两条对角线，较短那条是较好的选择，因为手绘线条中，较短的线条更准确。

小贴士　图27：该方法适用于所有方向的复制情况。

3.3 复制和分割矩形

注意技巧,画结构线时一定要轻轻下笔。我们认为矩形可自动进行透视缩短。画这些直线时,旋转纸张,找到手臂最舒适的位置。最终并不是所有的线都需要画出来,画一些标记就够了。

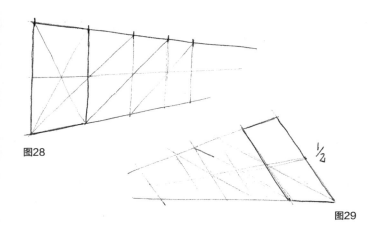

图28

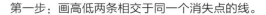

图29

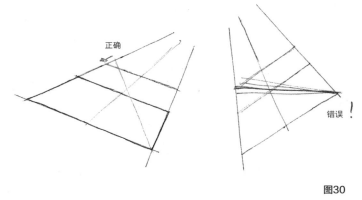

正确

错误!

图30

第一步:画高低两条相交于同一个消失点的线。

第二步:画两条平行线,形成一个矩形。

第三步:有一个矩形作为基础后,可以向朝向自己或远离自己的方向复制这个矩形,这些矩形会自动透视缩短。

修改的时候需要注意,不要为了找到正确的线条而一遍又一遍地添加线条。这样只能加深线条的颜色,让人注意到不确定的地方。画一条线即可,除非有把握猜到真正的分割线在哪里,否则不要轻易修改。这样可以保证画面干净整洁,提高绘画速度。

添加和分割盒子

盒子叠加在一起的结构很有趣。画穿透!将隐藏在盒子后面的边缘画出来。这是一种自动进行二次检查的方法。如果线条不在预期的交点相交,回过头去检查是从哪里开始出错的。思考这个问题可以提高学习速度。

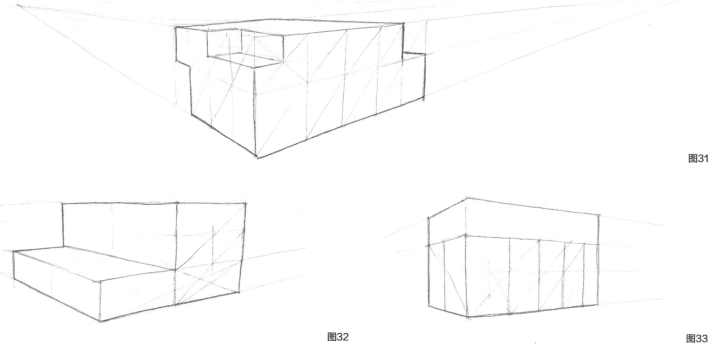

图31

图32

图33

3.4 分割为奇数部分

如果需要分割成三份或更多怎么办？通过将部分转变为透视图这一基础技巧就可以实现。在这个例子中，让我们将矩形分成五份。

顶视图

透视图

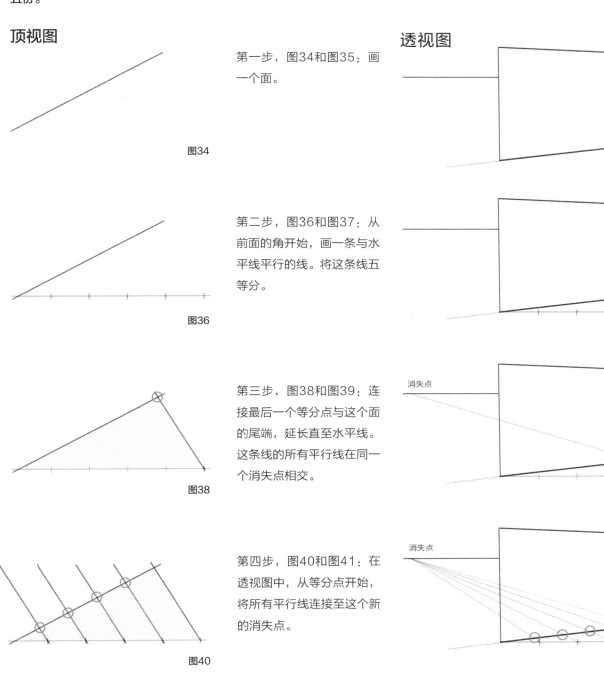

第一步，图34和图35：画一个面。

图34

图35

第二步，图36和图37：从前面的角开始，画一条与水平线平行的线。将这条线五等分。

图36

图37

第三步，图38和图39：连接最后一个等分点与这个面的尾端，延长直至水平线。这条线的所有平行线在同一个消失点相交。

图38

图39

第四步，图40和图41：在透视图中，从等分点开始，将所有平行线连接至这个新的消失点。

图40

图41

第五步，图42：从等分点画垂直线，这样就分割成小份了。

这样在透视图中，你已经将矩形等分为五份了。

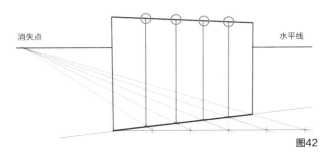

图42

3.5 透视中的映射

通过映射元素来画对称物体的能力是至关重要的。在透视绘画中，可以运用矩形复制技巧映射任何一个点。这些技巧用起来非常灵活，可以混合搭配。

映射水平面

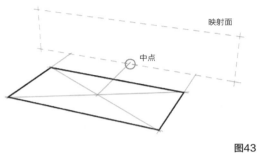

图43

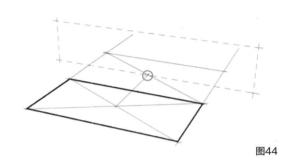

图44

第一步，图43：画一个矩形和一个垂直的映射面。将矩形的宽度线向映射面延长，直至相交。在矩形中画对角线，根据透视规律连接中点与映射面并找到中点。

第二步，图44：运用复制技巧和这一映射点，将矩形较近的边线映射在映射面上，然后再处理较远的那条边线。

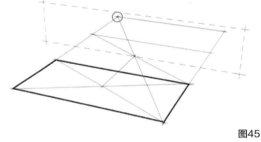

图45

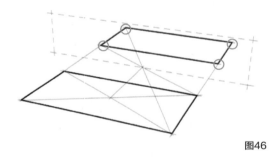

图46

第三步，图45：运用复制技巧，映射矩形较远的边线。

第四步，图46：现在已经完成了一个映射面。这一技巧也同样适用于其他平行面的结构。注意：这些都以复制技巧为基础！

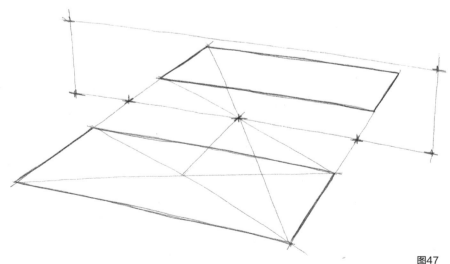

图47

映射垂直面

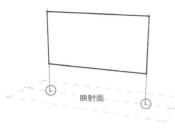

图48

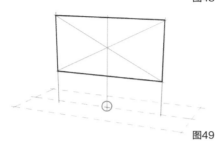

图49

第一步，图48和图49：映射垂直面运用的也是相同的技巧。画对角线，找到映射面的中点。

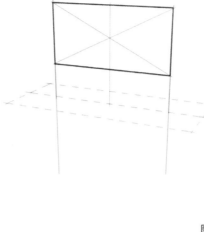

图50

第二步，图50：延长矩形的宽度线，找到映射矩形的预期位置，找到映射的中心点。

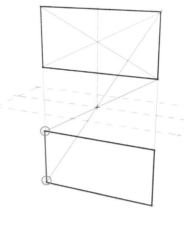

图51

第三步，图51：运用对角线，找到映射矩形的高，完成这一结构，加深映射矩形边线的颜色。

映射偏移平面

图52

第一步，图52：在地面或映射面上方构建一个面。从矩形的四个角开始，向映射面的方向延伸。

图53

第二步，图53：运用复制技巧，映射前面的边线。

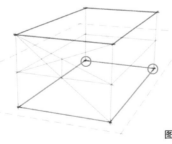

图54

第三步，图54：沿着透视网格，并用垂直线确定映射面的大小，完成这个映射面。

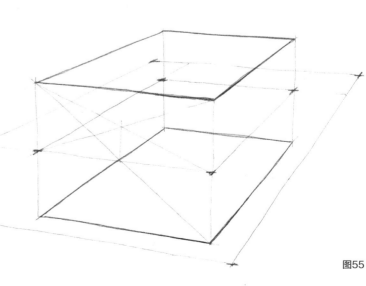

图55

第四步，图55：加深外边线的颜色。

3.6 映射倾斜的平面

映射倾斜的平面同样运用的是复制矩形的技巧。下面左右两边的示例都说明了这一原则。它们是两个独立的结构，映射不同的倾斜面。

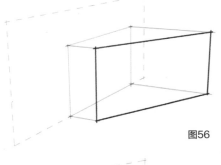

图56

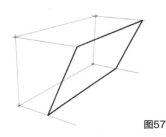

图57

第一步，图56和图57：画一个倾斜的面和映射面。运用透视网格确定两个面在空间上的相对位置。这样，就可以对结构了然于心。

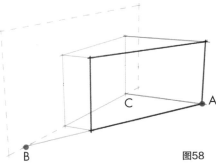

图58

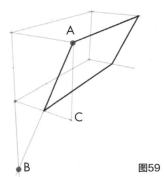

图59

第二步，图58和图59：选择一个映射点（A）。延长倾斜面的线（红色线条）以及映射面的线，标记其交点（B）。将该结构中从倾斜面被映射的顶端到地面垂直线画出来，标记其交点（C）。

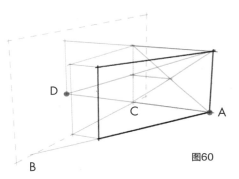

图60

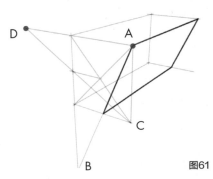

图61

第三步，图60和图61：运用复制技巧，画出A点的映射点D点。

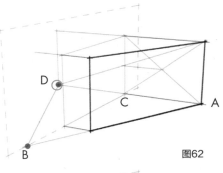

图62

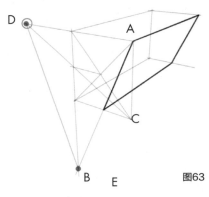

图63

第四步，图62和图63：连接B点和D点。目前，在透视结构中，该平面与映射面的夹角已确定。

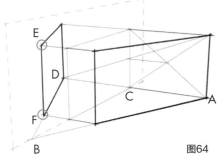

图64

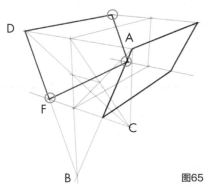

图65

第五步，图64和图65：最后，运用透视网格，通过左消失点确定其他映射点（E和F）。连接这些点，完成映射面。

3.7 映射旋转的倾斜面

在绘画中，有时需要处理空间位置更加复杂的平面。三个点就可以确定一个平面，而在画矩形时，要确保第四个点与前三个点在同一个平面上。绘画时很容易忘记这一点。物理上不可能的事物可以通过绘画来实现。看一下M.C.埃舍尔的作品，他就是故意这么做的。

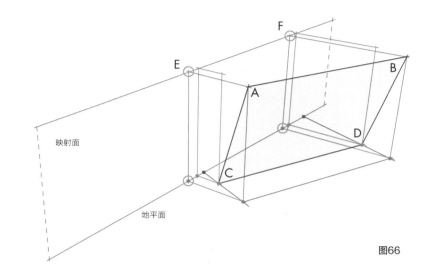

图66

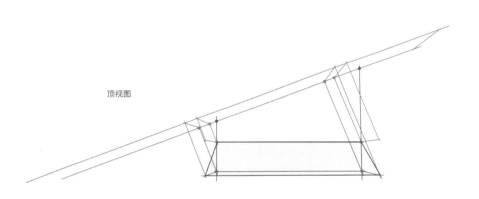

顶视图

第一步，图66：地平面上有一个倾斜旋转的平面（灰色阴影）。当其四个角（A点、B点、C点、D点）投射到映射面时，只有两个点（E点、F点）在高度上相同，四个点的深度（绿色线条）和宽度（蓝色线条）均不相同。参见顶视图。

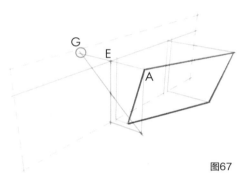

图67

第二步，图67：取上前方的点（A），通过映射面，取其映射点G。运用矩形复制技巧。

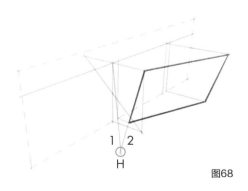

图68

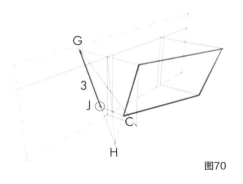

图69

图70

第三步，图68：将倾斜面前面的边投射到映射面上，并将其向下延长（1号线）。然后，将倾斜面前面的边延长（2号线），相交于H点。

第四步，图69：连接交点（H）和上前方角的映射点（G），得到线3。

第五步，图70：从C点开始画一条垂直于透视结构中映射面的线。其与第四步中线3的交点就是下前方角的映射点（J点）。

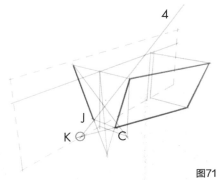

图71

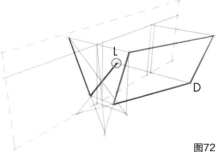

图72

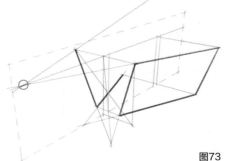

图73

第六步，图71：现在，找到地面上这个倾斜平面的映射底线。从C点开始，延长地面上的这条线，直至其与映射面相交，交点为K点。连接K点和第五步的J点，得到线4。

第七步，图72：从D点出发画一条与映射面垂直的线，并将其延长，以此将线4截取到正确长度，交点为L点。这决定了地面上这条线的长度。

第八步，图73：重复第三步至第六步（注意：旋转90°），找到上边缘的映射方向。

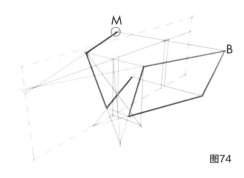

图74

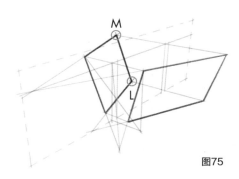

图75

第九步，图74：从B点出发画一条与映射面垂直的线，找到上边缘映射边的终点，即M点。

第十步，图75：连接M点和L点。现在我们完成了倾斜旋转平面的映射。

第十一步，图76：加深映射平面边缘的颜色。

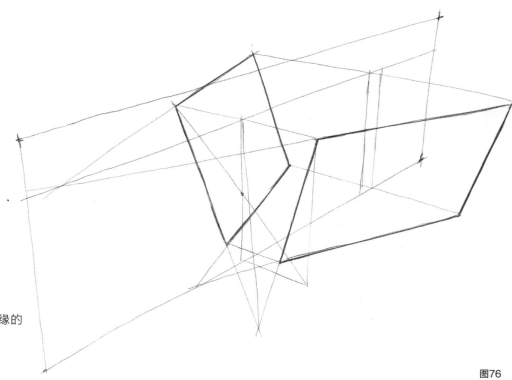

图76

图77

图78

练习这些结构可以更好地识别环境中的图案。映射面似乎是一种抽象的练习，但当你想画一辆汽车或一架喷气式飞机时，你就会很快发现它的用途非常广泛。在建筑物中，复制也很常见。

图78中，在各个拱形中，绿色的结构线穿过同样的点，节约了大量时间。学习完本章曲线的映射之后，再看看这个结构，会有更多的收获。

3.8 映射2D曲线

通过对曲线的映射可以把控物体的表面。其基础结构仍然取决于对直线和透视的控制。2D曲线按照其定义呈现于面上，而这个面在3D空间中可以是倾斜的。

正交视图

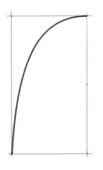

图79

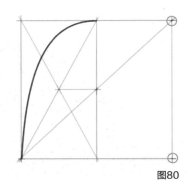

图80

图79：确定一个面，画一条2D曲线。

图80和图81：将这个面框入一个矩形内，在想要映射曲线的方向映射这个矩形。

技巧1
图82：连接矩形的角和中线上任意一点并映射，画一个V字。

图83和图84：从曲线和对角线的交点出发，画一条平行线，直至它与映射对角线相交。继续转移多个点，确定映射曲线。

技巧2
图85-87：这里不再使用矩形角的对角线，而是用原结构的中线。

技巧3
图88-90：

第一步：决定曲线上的映射点（A点）。

第二步：穿过该点，画一条中线的对角线（B点）。

第三步：从C点出发，画一条平行线，交点为D点。

第四步：连接B点和D点，画一条对角线的映射线。

第五步：从A点出发，画一条平行线，交点为E。

透视图

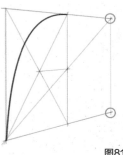

图81

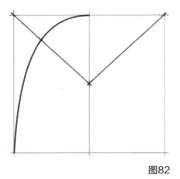

图82

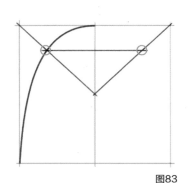

图83

图84

图85

图86

图87

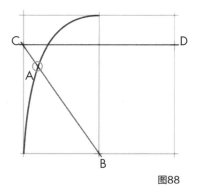

图88

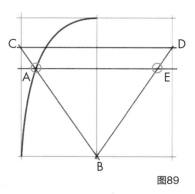

图89

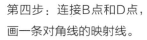
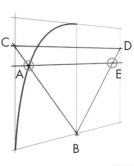

图90

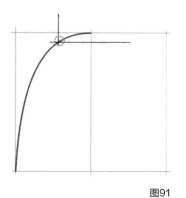

图91

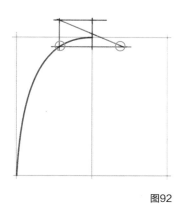

图92

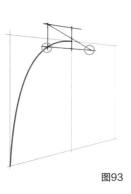

图93

技巧4

图91-93：矩形的复制方法在这里也适用。

第一步：确定映射点。

第二步：画垂直线和水平线，得到一个矩形。

第三步，映射矩形的宽，将其作为映射点的基础。

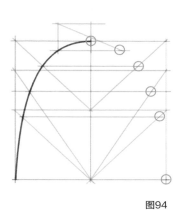

图94

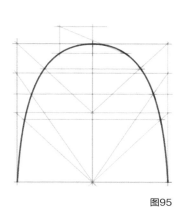

图95

图96

所有技巧的结合

图94-96：

这里，将所有的方法结合在一起，展示各个点是如何确定映射曲线的。

应该选择哪种方法？选择效率最高、提供的点最多的方法，另外还需要和其他技巧的结合。

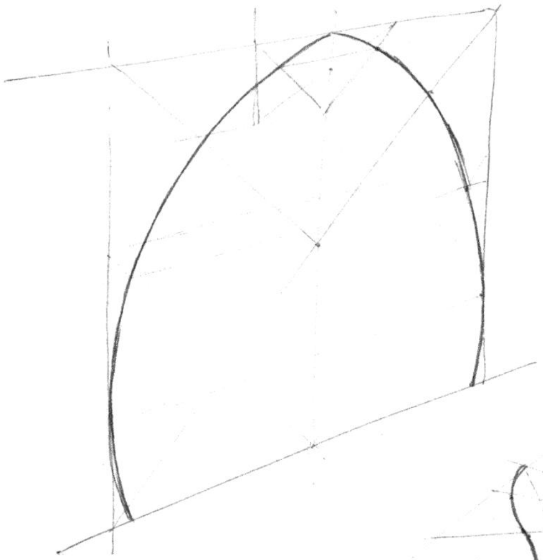

图97

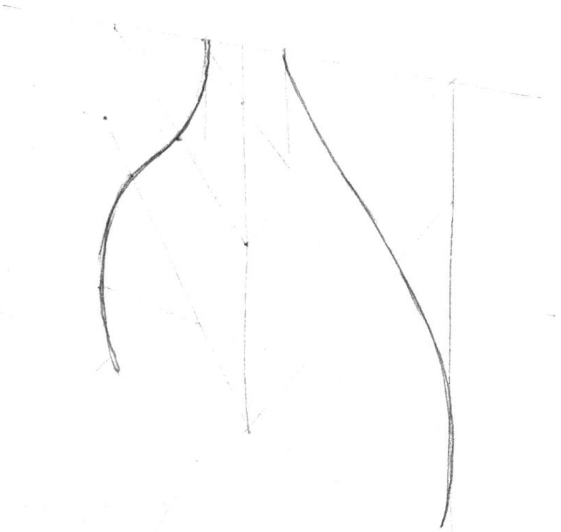

图98

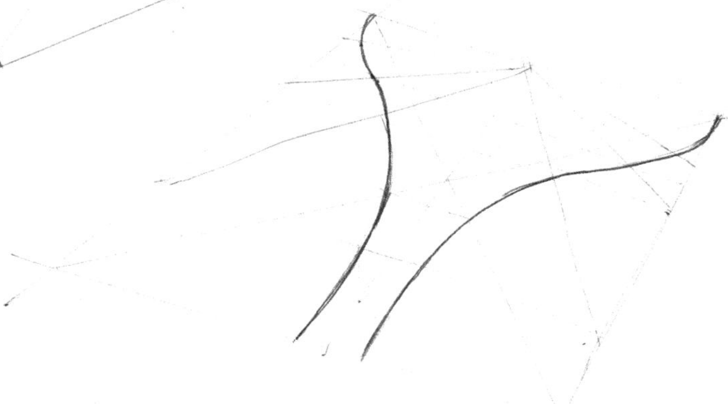

图99

3.9 映射倾斜平面上的2D曲线

图100

第一步，图100：确定一个倾斜平面，在上面画一条曲线。

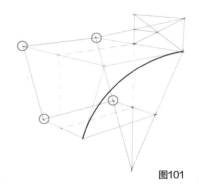

图101

第二步，图101：运用平面映射技巧画出映射曲线所在的映射平面。

图102

第三步，图102：在两个平面上画对角线，找到较近对角线与曲线相交。

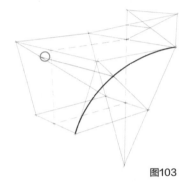

图103

第四步，图103：从交点出发，向透视映射方向画一条平行线，直至其穿过映射的对角线。

目前得到了映射曲线的三个点：起点、终点和新得到的点。

图104

第五步，图104：从倾斜平面与底面的中线交点开始向曲线画一条线，并将这条线转移到映射面上。

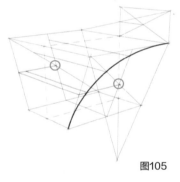

图105

第六步，图105：重复上一步，但这次使用水平方向上的中线寻找与曲线的交点，这些线可以随着曲线上映射点的位置移动。

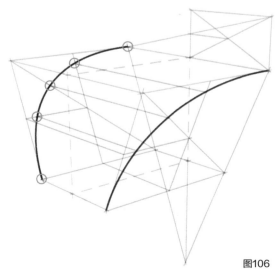

图106

3.10 映射透视中的3D曲线：双曲线结合

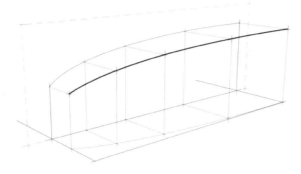

图107

第一步，图107：构建3D曲线的完整结构。这运用了双曲线结合技巧。知道这些线在空间中所处的位置，对于绘画来说至关重要。

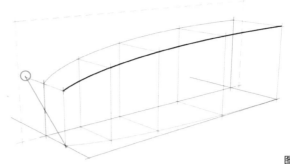

图108

第二步，图108：首先，映射一个曲线的起点。此时矩形已经被复制，但并未画出垂直线，因为垂直线对于目标来说并不重要。可推测出映射点可能出现的位置，因为垂直线上的透视缩短非常少。

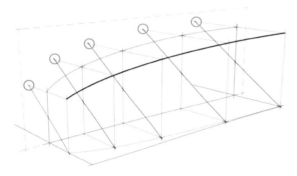

图109

第三步，图109：曲线上其余的点，重复上述步骤。在这里，选择映射面上几个战略性的点而不是所有的点，但刚开始时，点的数量需要多一些。这样在画曲线时会更有信心。

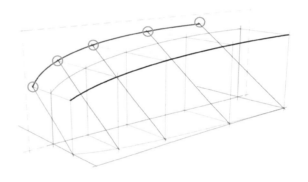

图110

第四步，图110：通过连接各个点画一条平滑的曲线，这条曲线便是映射曲线。如果一个点似乎不在这条线上，那么根据需要修改。

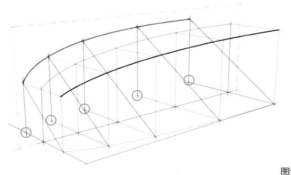

图111

第五步，图111：完成曲线映射后，就该寻找曲线在地面上的投影。画垂直线直至其与地面的延长线相交。

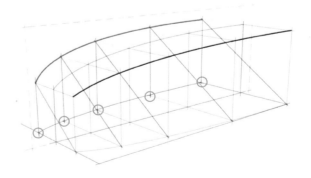

图112

第六步，图112：现在便有两条映射曲线：一条3D曲线（绿色）和一条平滑的曲线（黑色）。该技巧在映射曲线的同时建立起了3D形状。

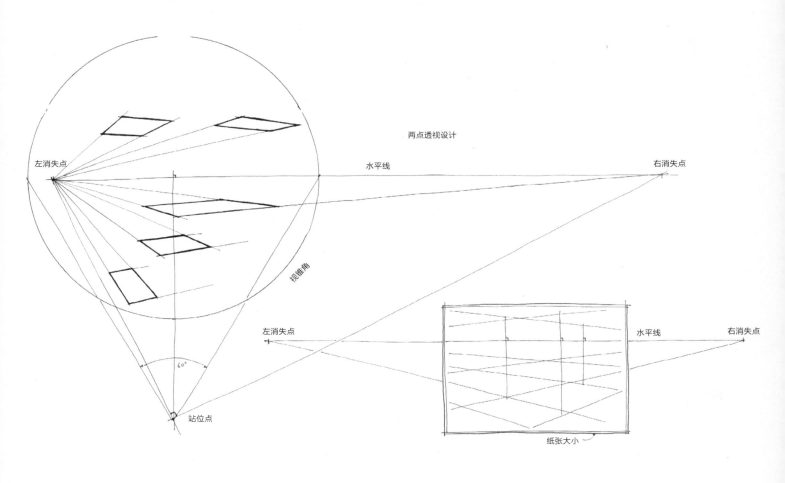

两点透视设计

左消失点　　　　　　水平线　　　　　　　　　　　　　　右消失点

左消失点　　　　　水平线　　　　　　　右消失点

视锥角

60°

站位点

纸张大小

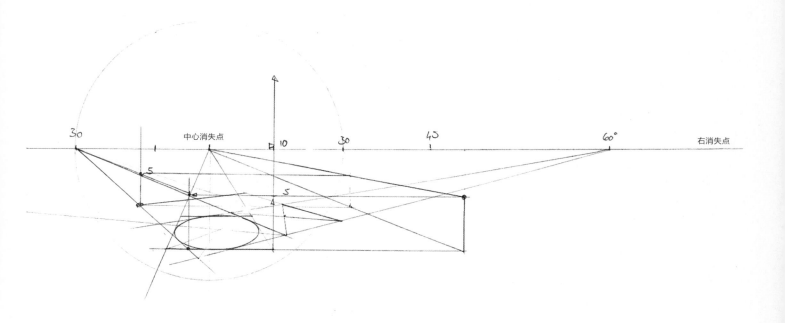

30　　　　中心消失点　　10　　　30　　　40　　　　　60°　　右消失点

5

5

4

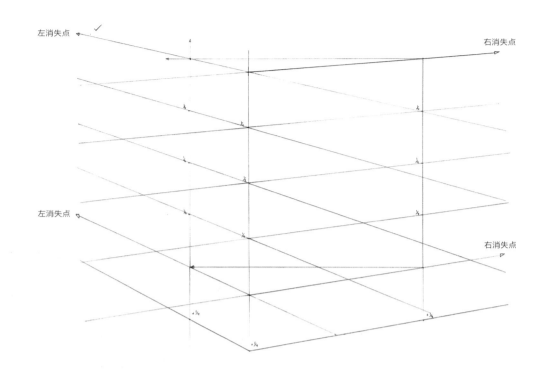

左消失点　　　　　　　　　　　　　　　　　　　　　　　　　右消失点

左消失点　　　　　　　　　　　　　　　　　　　　　　　右消失点

第4章　构建网格

本章重点在于构建和学习网格。在最常用的透视结构中，消失点往往在纸张以外。网格有助于将线条对准消失点。

当处理复杂的绘画和多个物体时，网格使用起来就会非常顺手。理解了网格的基本知识，对于明白如何使用照片和计算机生成的底衬尤为重要。

如果绘画不利用网格，主要精力会用于试图将线条瞄准到正确的方向，最糟糕的便是不知道线条是否在正确的方向上。运用基本的网格，通过对照参考线可以缓解这个问题。随着这样的绘画方式逐渐下意识化，我们可以将精力集中在构图和设计上。

最终，绘简单的事物，你可以不再使用网格，但对于带有合页的部件、可旋转元素和同一个物体的多个角度等难度较高的结构，使用基本的网格大有裨益。

网格可以重复使用，因为它们并不是被画出来的，而是放置在绘稿下方辅助绘画的。作为底衬的网格应尽可能地准确，而根据具体用途选择最高效的方式创建网格也非常重要。网格可以是用直尺手绘的，可以是用2D软件画的，也可以是用3D软件生成的。创建流程并时常进行更新是成为设计师和问题解决者必要的一部分。

4.1 透视网格种类

让我们看看几种常见而实用的透视网格类型。选择网格时，重要的是考虑最终实现绘画作品的目的。比起构思产品，网格更有助于对环境的构思。选择哪种网格，取决于使用者的舒适度，没有绝对的对与错，这些只是指导，而不是定律。

单点透视绘画

单点透视网格适用于构思和在侧视图中增加透视效果。它更便于产生透视，并且使从左到右、从上到下的透视更容易把控。这也使比例的变化变得简单，由于物体是一个挨着一个的，当透视变深，比例缩小即可。但是，在这样的透视中把握一个物体的深度较难，透视的深度变得浅显，并且越接近水平线，这样的透视也将使物体被严重压缩。

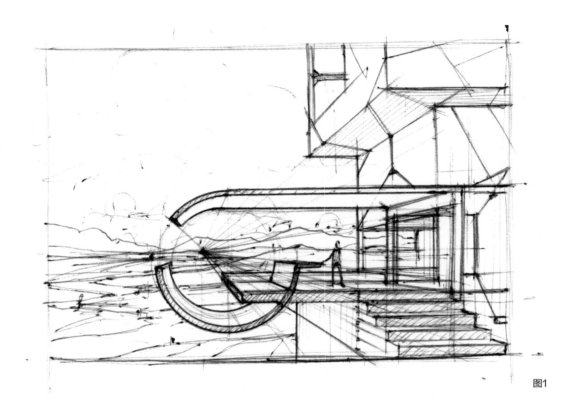

图1

两点透视绘画

两点透视网格是最常用的网格之一。网格随着观察者看物体的方向而变化。当两点透视中有一个物体时是非常基础简单的，但是如果同一个平面上有两个或更多旋转的物体时就复杂多了。两点透视使观察者更好地在物体所在空间里定位。三点透视的效果也类似，但绘画的复杂性提高了，因为竖直线相互之间不是平行的。这种透视网格中，竖直线与水平线垂直时，绘画更容易一些。

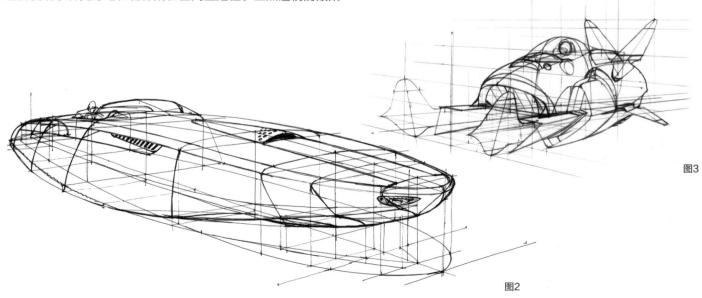

图3

图2

三点透视绘画

这种透视创建的画面最为生动，并且结构不难建立和把控。在线性透视网格中，三点透视看起来最为自然。这种透视常见于计算机游戏中，Sketch UP中也经常使用。建议通过大致估计众多竖直线的聚集交汇或用3D程序来创建网格。然而与计算机生成相比，手绘精准的网格结构耗时耗力。使用三点线性透视的一个难点是水平线相交时看起来很奇怪（见第60页）。三点线性透视的最佳使用方法是将水平线放置在页面之外，或者接近页面的顶端或底端。

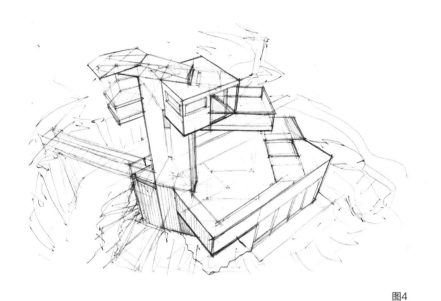

图4

图5

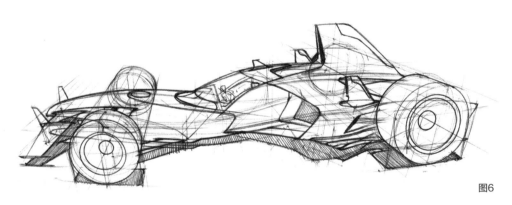

图6

五点透视网格

鱼眼镜头摄影作品中就包含五点透视网格。这种网格可以允许在垂直线汇聚相交的时候于水平线上方或下方作画。曲线透视的变形很多，弯曲力度也不一样。在真正的曲线透视中，所有的水平直线和竖直直线都是弯曲的。手绘曲线透视网格很难，所以建议把照片垫在下面，用现成的网格或用3D软件生成网格。

图7

4.2 构建透视网格

构建消失点在页面上的单点网格

通过这个练习，将教会你在60°视锥角内构建一片处在地面上的由正方形格组成的单点透视网格。这些正方形可以将正交视图部分转换为透视图。目前所画的参考线都是为了找到正确的交汇处，并在此基础上画出透视正方形。

图8：运用透视术语章节学习的知识，根据站位点找到相应的中心消失点、60°视锥角、45°消失点和图像平面。

经过中心消失点画一条水平线，再画出一个能确定正方形在视锥角度上三个面的透视平面（红色线条）。连接站位点和中心消失点，画出视线。

图9：既然视锥角和正方形一条边的长度已经确定了，那么就只有一个方法来寻找透视正方形的长了。

连接A点和45°消失点。对角线显示出透视正方形的长。在这里，45°消失点即单点透视正方形的对角消失点。

图10：既然第一个正方形已经建立起来了，运用矩形复制技巧就可以在地面上构建网格了。构建的网格只要绘画足够使用就可以了，没有必要将整个页面画满正方形。

现在可以使用这个网格了。这个网格自动缩短了透视的距离，可以用于表现街道、产品或者内饰环境。正方形的大小可以代表50英尺或者5英寸，由你自己决定。

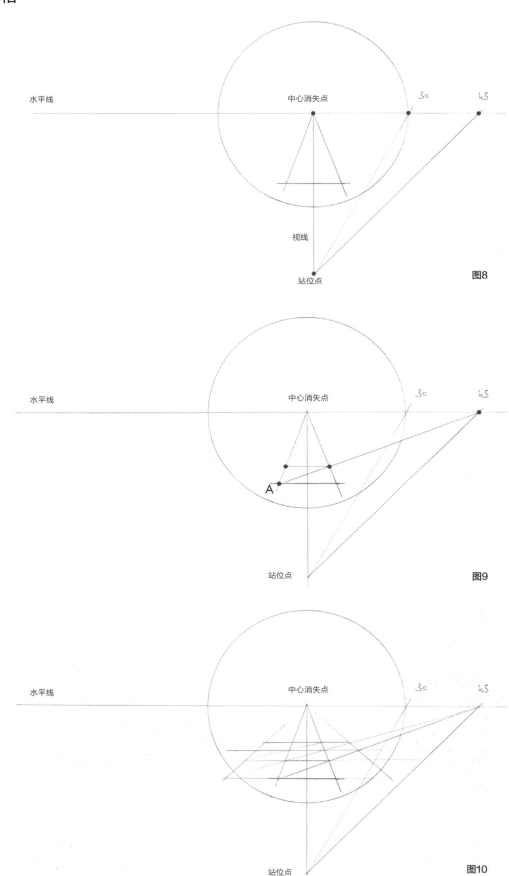

4.3 对角消失点、站位点方法

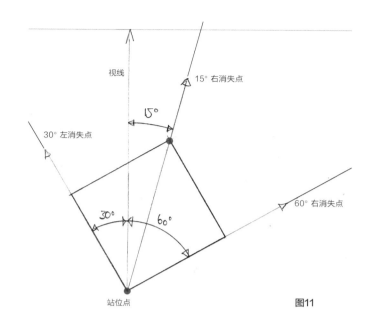

图11

顶视图

图11：画一个正方形。将其中一个角视为站位点。

从站位点往对角的方向画一条对角线，对角线将此直角平分成两边各为45°。随着正方形的旋转，这条对角线会有自己的消失点，被称为对角消失点。正方形每旋转一次都有一个对应的对角消失点。

要找到正确的对角消失点度数，就要测量对角线和视线之间的角。在这个例子中，对角线与15°消失点重合。

透视图

图12展示的是30/60透视网格中的正方形。

在两角之间画一条对角线并延长，对角线与水平线的交汇处即为对角消失点的位置。

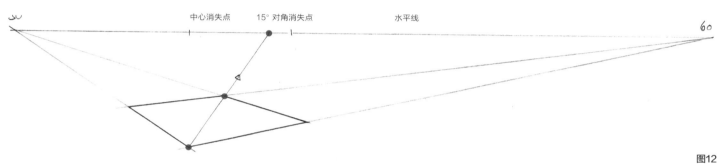

图12

估算旋转度数

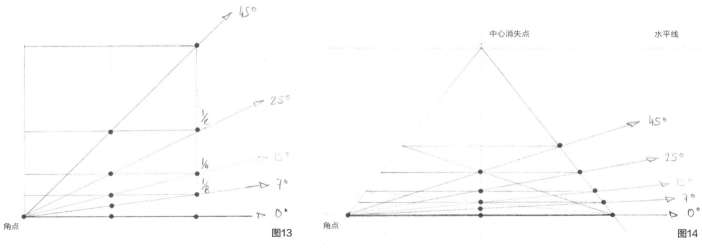

图13

图13：除了对角消失点外，在透视图中切割正方形可以实现其他的旋转方式。在上面的正交视图中，运用均分技巧，正方形的右半部分被多次分割为1/2、1/4和1/8。

图14

图14：这个技巧的优势是它也同样适用于透视图中。连接角点与各个透视正方形的对角，会形成5条射线。蓝色线为0°，紫色线为从蓝色线旋转7°，接着是旋转15°、25°和45°。运用这一技巧，在手绘图中以7°为单位递增，找到相应的角，这对于手绘结构来说足够准确了。

4.4 构建消失点在页面上的两点透视网格

构建两点透视网格与单点透视网格非常相似。在这个例子中，我们构建的是45/45网格，中心消失点变成了对角消失点。

第一步，图15：根据站位点，确定消失点和60°视锥角。

任意建立一个基础正方形的三条边。两条平行线无限延长并在左消失点交汇，而平行线在右侧交汇于右侧消失点。其长度取决于两条平行线。

第二步，图16：向对角消失点画一条对角线，以此确定正方形的大小（在45/45网格中，对角消失点即中心消失点）。从相交处向45°右消失点画一条线，正方形便完成了。

第三步，图17：运用矩形复制技巧，完成网格。我们已经完成了相同视锥角内的两个网格。注意每种网格上的正方形都不同。它们只是网格格子。

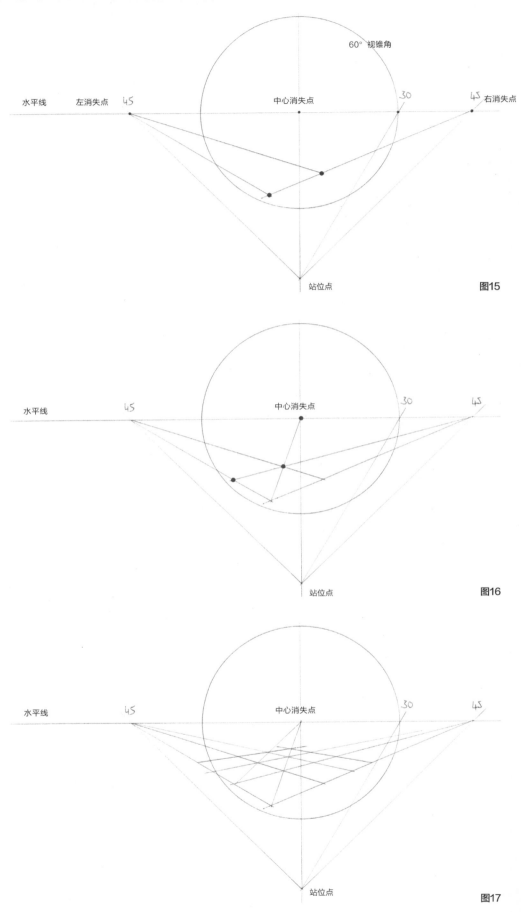

图15

图16

图17

4.5 带有同等大小正方形的旋转两点网格

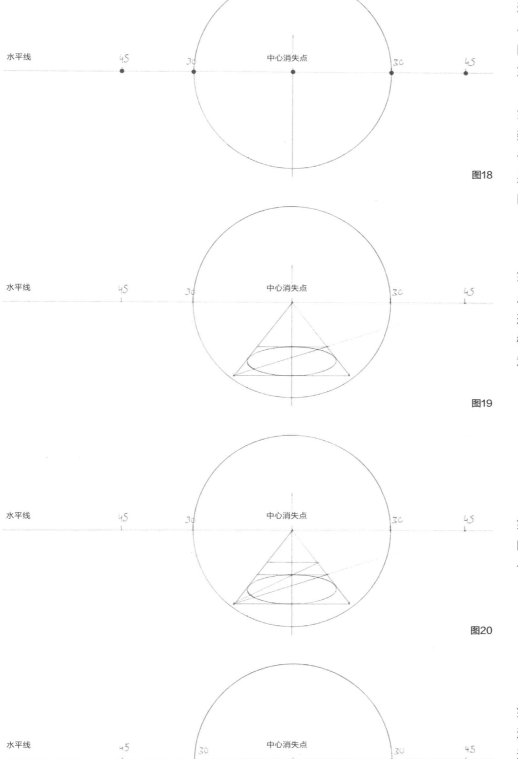

在每种网格中使用同等大小的正方形可以让我们更好地估量相对大小。这个技巧的基础是画一个透视圆形，然后画一个围绕它旋转的正方形。

第一步，图18：根据站位点投射构建透视基本结构，确定一组即将用于旋转的消失点。这个例子中用的是一个单点透视网格和一个60/30网格。

图18

第二步，图19：如前文所示，在单点透视网格中选择和构建一个正方形。现在在这个正方形中放置一个椭圆形。椭圆的短轴竖直向下。注意椭圆要与正方形非常吻合。

图19

第三步，图20：现在根据需要扩展网格（在这个结构中仅额外增加一个透视的正方形）。

图20

第四步，图21：再铺一张纸，描摹这一椭圆、视锥角和消失点。想要运用好这个技巧，这些因素必须描摹精确。若整个网格的大小需要变化，一定要根据相同比例扩大或缩小所有因素。例如，将其扫描至电脑中，根据需要缩放。

图21

第五步，图22：通过利用60/30消失点，画一条与地面椭圆相切的直线，围绕椭圆构建一个正方形。这样产生的旋转正方形大小与单点透视中的正方形一样。根据需要，放大网格。在这个例子中，正方形仅被复制了一次。

第六步，图23：现在可以将两个网格结合在一起了。将水平线和视锥角放置在完全相同的位置。通过这些网格，我们可以画出在同一个地面上旋转的物体。

第七步，图24：通过使用这两个网格，可画出两个方块被放置在同个地面上。它们有相同的占地面积和高度。这样一来，通过这个方法，可以快速在同一个地面上，画出相同的一个正方形。阅读下一页，学习方块的高度是怎样转换的。

第八步，图25：额外添加几个叠层，找到更多围绕圆形旋转的其他网格。视锥角和水平线一定要一致，并确保每个网格在不同的纸张上。可以按照需要将其垫在纸张下面加描。

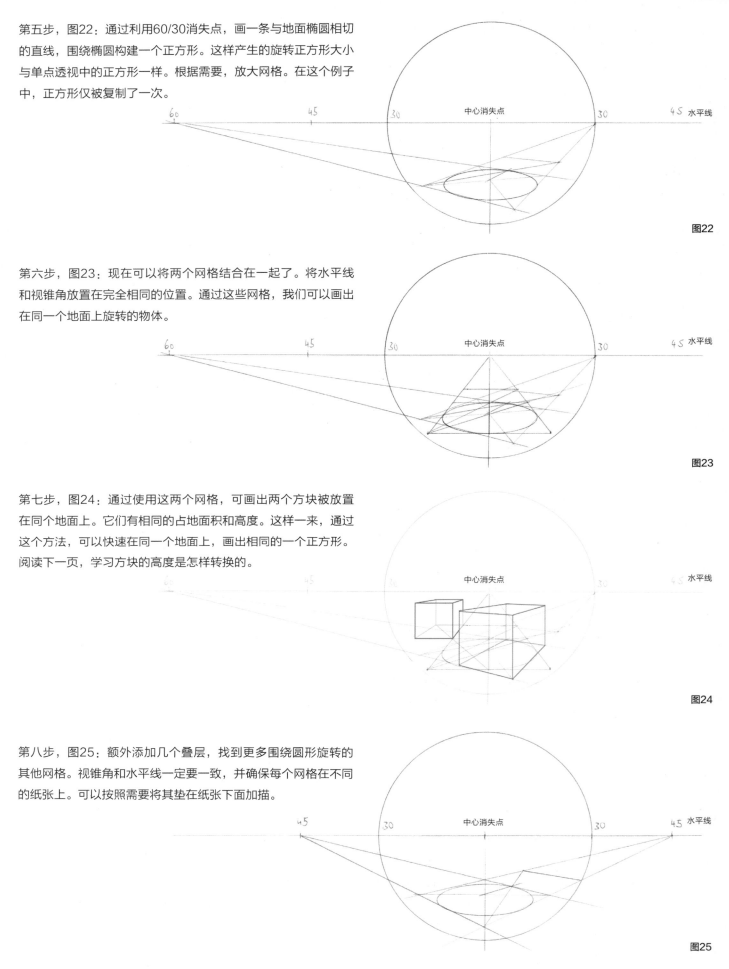

图22

图23

图24

图25

4.6 透视中的比例转换

在透视中转换某物体的高度是最普遍的操作之一。但是我们往往处理不好。为了日后不会再出现类似情况，本章节将会讲解如何运用简单的参照点使人物从前景向远景缩放。

在第一个例子中，人站在平坦的地面上。在第二个例子中，随着人向远处后退，他分别站在一个坑里和一个盒子上。

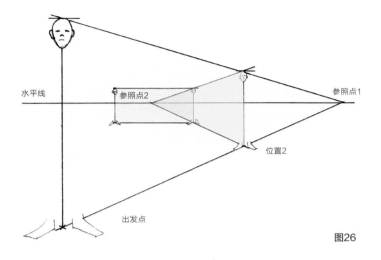

图26

图26：

第一步：在透视结构中，为了转换一个在地面上移动的物体的高度，从物体的底部开始向移动方向画一条线，直至水平线，以此得到参照点（参照点1）。

第二步：从物体的顶部开始，向参照点1画一条线。

第三步：任意画一条垂直线使其与两条穿过物体顶点的参考高线（位置2）相交，在透视结构里，它们仍具有相同的高度。

第四步：人继续后退，重复上述步骤，得到参照点2。

第五步：左右移动人，高度不变。

站在远处的盒子上

图27：

第一步：从人的头顶开始向参考点1构建身高平面。

第二步：确定在盒子的顶视图中人的站位，并在地面上找到这个点。

第三步：将站位点转移到盒子顶部。

第四步：取人在这个点站在地面的高度，将高度转移到盒子顶部。因为在这个例子中垂直线都是平行的，所以不需要担心任何在垂直透视上的缩短。

站在远处的坑里

图27：

第一步：在侧面墙壁上方画出人的身高，与参照点1的地面线相交。

第二步：将此身高转化成从坑的底部往上延长的一条垂直线，使它的高度与地平面上人的高度相同。

第三步：要想在坑的底部移动人，只需要重复上述步骤来设置参照点2。唯一的区别在于建筑地面的不同，一个在坑的底部而一个在盒子的顶部。

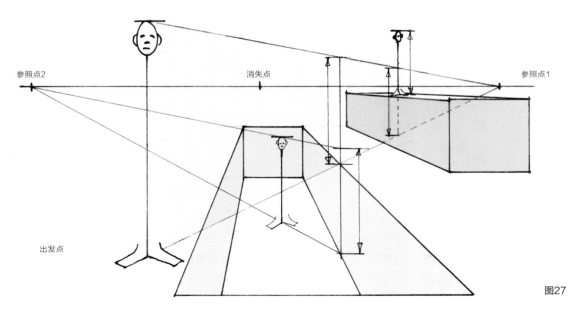

图27

4.7 布鲁尔方法：构建消失点在页面之外的网格

绘画的时候，消失点有时在页面之外。而布鲁尔方法的存在让我们可以在不借助计算机、巨幅纸张和复印机的条件下构建消失点

在页面之外的网格。比尔·布鲁尔是艺术中心设计学院的一名教师，该方法由他首创，也因此以他的名字命名。

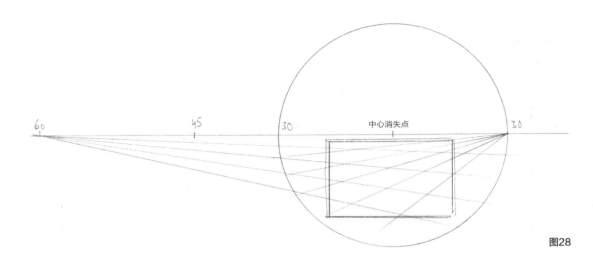

图28

用4条创建线构建两点网格——布鲁尔方法

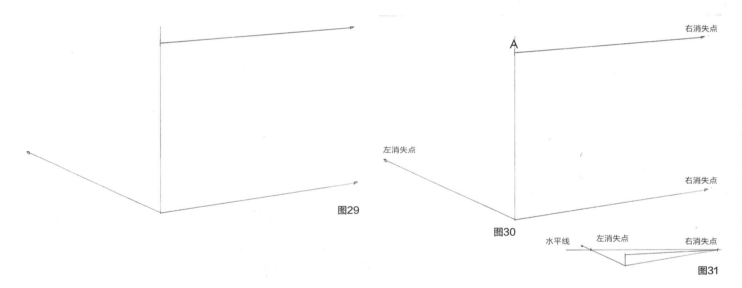

图29

图30

图31

创建一个网格需要4条基本的线条。

第一步，图29：画一条竖线。将其视为盒子的前角。

第二步，图29：画两条向右交汇的线，其交点一定要在页面之外（这里一定不要画平行线）。这两条线将确定右消失点和水平线的位置。这两条线相交的度数取决于所创建的视图。如果某张参考图片或照片有你想要的视角，可以借鉴，据此描线。

第三步，图30：从竖线的底端开始向左消失点画一条线。

请看图31。通过图上的4条线，一张透视图就构建好了。试想一下右边的线在页面之外的右消失点相交。而右消失点则确定了水平线的位置。水平线和左侧的线条也会在页面之外的某个点相交，其交点即左消失点。

接下来的几步是为了在不延展页面的情况下连接A点和页面之外的左消失点。这个小的缩略图将保留在每一步的底部，以方便观察整个网格的构建过程。

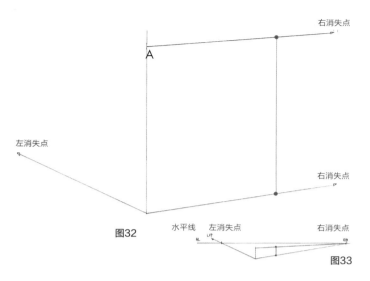

图32

图33

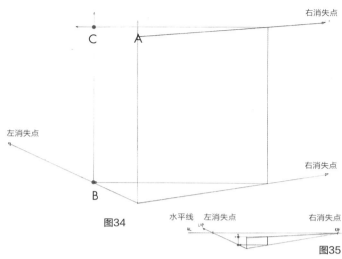

图34

图35

第四步，图32：画一条与现有的竖线平行的垂直线。这两条线尽可能地保持距离，以提高绘画的精确度。

第五步，图34：从右边垂直线的高开始，画一个矩形，角度精确为90°（红色线条）。该矩形底部与延长至左消失点的线条相交于B点，从B点开始，画一条垂直线，找到C点。

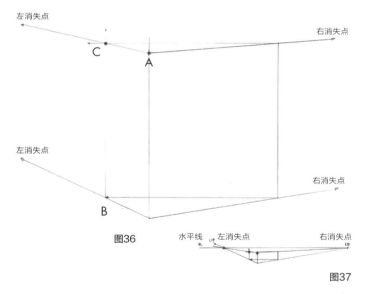

图36

图37

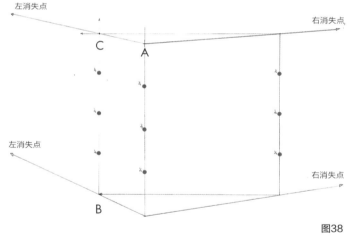

图38

第六步，图36：从A点开始，经过C点画一条直线，直至页面的边缘。从缩略图上可看出这条线将经过左消失点。

构建透视图后，现在需要添加网格线，这样使用起来更加方便。

第七步，图38：将所有的垂直线平均分割。

在这个例子中，这些垂直线被分成了四段，也可以选择更小的分割。分割线条时，可以使用尺子或等分尺进行分割。

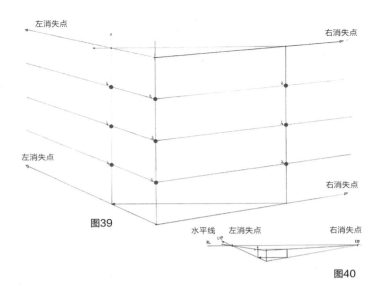

图39

图40

水平线　左消失点　　　右消失点

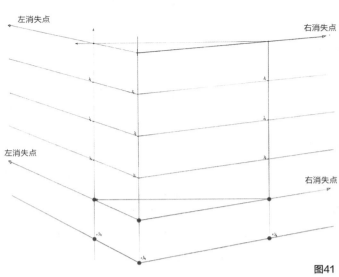

图41

第八步，图39：从中间垂直线的分割点开始，分别经过两侧垂直线上相应的分割点向页面边缘画直线。

第九步，图41：延展网格很简单。如果纸张的下缘还有空间，把每条垂直线延长一个等分格的长度，然后重复第八步，连接这些新的点。

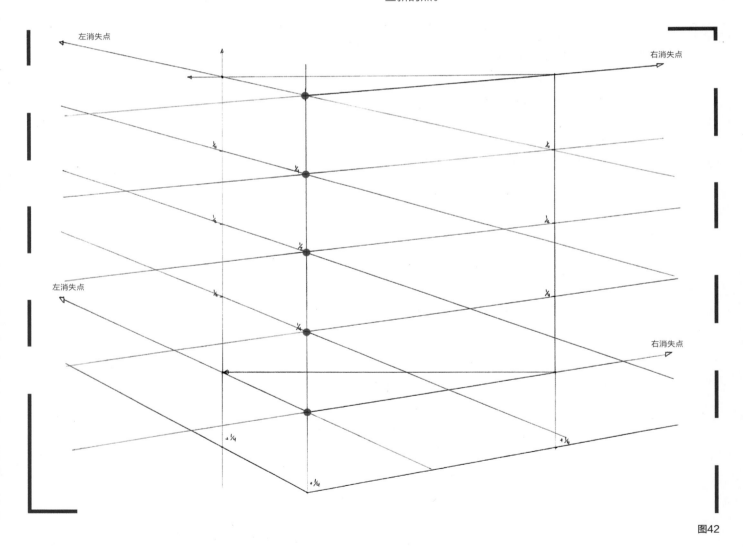

图42

第十步，图42：将指向消失点的所有线条都延长。这样网格便画好了，后续可以用来垫在绘画作品下面了。

构建几个不同的网格，以备不时之需。将这些网格用作底衬，而不是直接在上面绘画。每个网格都可以反复使用。

视频讲解

4.8 创建不含对角消失点的正方形网格

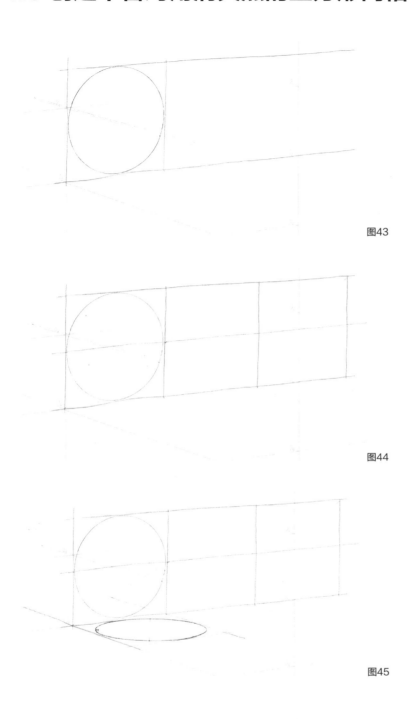

图43

图44

图45

图46

第一步，图43：将刚刚创建的网格用作底衬。

第二步：在边界区域内（红色线条）放置一个合适的椭圆。

第三步：画一条切线（绿色线条），完成正方形。

这样，与现有的布鲁尔网格相吻合的透视正方形就完成了。

第四步，图44：运用矩形复制技巧，延展正方形。

这样，带有三个正方形的垂直平面就完成了。正方形也可以向Y轴（高）方向或Z轴（长）方向延展。

这些正方形有助于正视图的转换，也可以在画实物的某部分时起到控制作用。

第五步，图45：将一个正方形转移至地平面。垂直的正方形决定了其起点和宽度。

第六步：在地平面上放置一个椭圆。画一条切线（绿色线条），完成正方形。

第七步，图46：再次延展网格。沿X轴映射正方形，构建对称网格。

对于大多数实物绘画来说，这些网格都是基础。你可以复制拷贝本书中任何一个网格作为底衬，用于今后的绘画中。

4.9 何时使用计算机生成底衬

透视绘画最大的优势之一便是3D建模程序，其对于透视绘画网格以及大体积实物的基本布局来说大有裨益。那么为什么不能完全由计算机代劳呢？学习构建手绘网格和实物非常重要，只有先学好这些知识，才能高效地使用这些计算机程序。2D和3D工具的结合是一种能创造出优秀绘画作品的有效方法。

开始画一幅作品时，最枯燥乏味的工作之一是布置透视网格，用来按比例放置超大体积的实物。这一步很容易操之过急，但保证绘画基础尽可能地准确非常重要。在纯手绘的网格中，视点往往不如预想的准确，或者交点数量不对，或者效仿了错误的摄像机镜头视角。这种情况下，要么将错就错，要么从头再来。

3D计算机程序的一大优势是可以快速画出大体积实物的比例草图，移动视点，甚至是在画物体表面或细节前尝试不同的摄像机视角。但开始使用这些程序时，不要忘记绘画技巧。我们很容易陷入不必要的建模里而忘记了细节和复杂图形用手绘更简单快捷。不要过多地在计算机上浪费时间。你真正需要的只是一个好的3/4视图，就可以辅助你开始绘画了。

运用新的工具需要练习。后面几页的例子都是艺术中心设计学院以前的学生所画，他们目前都从事专业工作。

图47

图47是由MODO建模绘制的城市景观底衬。建模和绘制这张图一共用了30分钟，所以以这种方式开始绘画的优势很明显。在图48中，马克·卡斯塔农用Sketch UP构建了一张内景的3D底衬。Sketch UP也许是最简单、最便宜的3D建模和绘图软件了，其特色功能较多，值得学习和使用。图49是他用这张底衬图所画出的画。这个例子很好地说明了建模只要明确视角、比例

和网格就够了，然后就可以进行绘画了。手绘的细节很多，比如运用线条的粗细来强调重叠的物体及其轮廓，而这些细节都让这幅作品比计算机完成的作品更具视觉冲击力。

作者：马克·卡斯塔农

图48

图49

鲁斯塔姆·哈萨诺夫用Sketch UP
构建了右图模型，并以此为底衬绘
制了下面这幅图。再重复一遍，最
简单基础的草图只需要电脑建模来
完成，然后便可以在上面绘画了。
用计算机底衬绘画时，很容易脱离
底衬的参考线，重新安排元素位
置，或添加新的东西。通过改变线
条粗细，可以让人从视觉上更好地
理解画面中的形状。

作者：鲁斯塔姆·哈萨诺夫

图50

图51

4.10 使用底衬的其他优点和方法

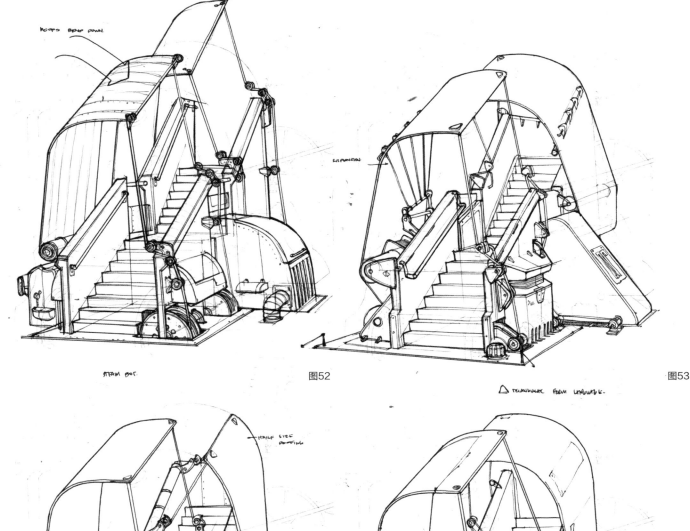

图52

图53

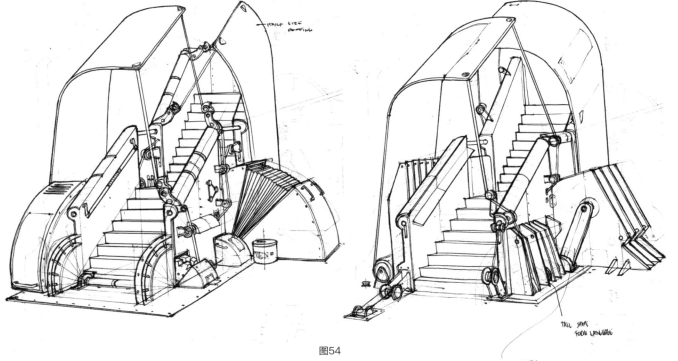

图54

图55

当你真正开始通过想象绘画，特别是当你成为专业设计师之后，工作中很多时候是为了解决同一个造型问题而提供数不清的版本。而这意味着要画很多张图。在这个系列中，约翰·帕克将其最初的绘画以浅色复制或打印，然后逐一描绘，提供了多个美工版本。与线条浓重的新作品相比，原始版本的线条颜色非常清淡，不会影响对新概念的理解。

作者：约翰·帕克

第 4 章 | 构建网格　　059

4.11 并非所有的透视网格都是均等的

你可能会想，3D程序流行度高、使用方便，传统绘画是否会过时？答案并非如此。在建筑、工业设计和娱乐领域，最前卫的开发团队大量使用3D工具对物体和环境进行建模，而不是全部使用手绘，这是事实。但如何最佳使用及绘制这些计算机生成的绘制图都基于深入掌握透视绘画知识。拥有扎实的透视绘画技巧可以拓展这些绘制图的使用方式。未来，所有设计师都需要具备3D计算机建模和绘图的能力，用传统媒介绘画的本质将继续转变，进行抽象化，并与数字技巧结合起来。

接下来几页的图片都是成对的景观。图56和图58都是用MODO绘制的，相机设置为18毫米镜头，无变形，视角为90°。绘制图57和图59的时候都有0.1的光学变形。你可以清楚地看到每个例子中透视网格的变化。无光学变形的直线透视网格（图56和图58）在电子游戏环境中和无光学变形的3D程序中最为典型。计算机程序做的就是看看景观在水平线上下各占的比例，然后确保所有垂直线的消失点位于比重较大的那一侧。这个变形很怪异，你唯一可以见到这种效果的地方就是电子环境中。

在现实生活中，当你观察一座高耸入云的实体建筑时，其垂直线的消失点是在高空中，而这个建筑的垂直线在水平线下面相交，消失点远远位于水平线之下。很明显，这在电子游戏的例子中就不一样了。想让垂直线相交于水平线之上或之下，必须添加光学变形。光学变形会使线条看起来弯曲，形成曲线透视网格（图57和图59）。

这一点为什么重要？如果绘画的目的是让环境看起来更自然、更贴近照片上的样子和肉眼看到的样子，这时就需要使用曲线网格。但如果要设计游戏环境，直线网格就可以了。掌握好透视绘画的基础知识之后，我们可以任选一种网格作为底衬，然后利用Photoshop等程序添加透视绘画的细节。如果绘画技巧不扎实，我们就不得不全部依靠3D建模程序，这就可能出现很多错误。因此，目前最行之有效的专业绘画方法是结合3D建模和绘图，然后将计算机生成图像作为底衬进行2D绘画。

图56

直线透视，最常见于数字电子游戏环境

图57

曲线透视，最常见摄影环境

图56：即使水平线几乎位于图像中间，天空所占据的篇幅也会大于地面。因此垂直线会倾斜，在水平线之上相交，而水平线之下的垂直线向外扩散。如果使用这种变形的透视网格在水平线之下添加飞机等实物或前景人物，单独看来会很奇怪，但相对于周围景观而言还是可以接受的。

图57：这是由于相机镜头光学畸变，水平线因不在画面的中间而出现的轻微变形。如果水平线位于正中间，它将保持笔直和水平。由于同样的原因，在图59中出现了反向弯曲，但主要在地面上产生变形，而非空中。同时要注意，不出意外的话，所有的垂直线将在水平线之上或之下汇聚相交。

图58

图59

由于曲线网格绘画的复杂性和电子游戏网格中发散的垂直线问题，绘画时仍然使用单点和两点透视网格，其中被简化的垂直线保持垂直不变，即便这两个例子都不是这样。当画面中水平线之上或之下的环境都画好了，再使用三点透视网格。单点和两点透视网格其实是透视绘画的简化版，都有很多局限性和各自的变形问题。但它们画起来简单，效果足够好，因此在对于速度的要求高于精确性时，它们是首选。整个设计团队还要明白这些简化的网格并不真实，它们只是设计师的速写图，只是在平面上创建的3D透视空间的错觉。

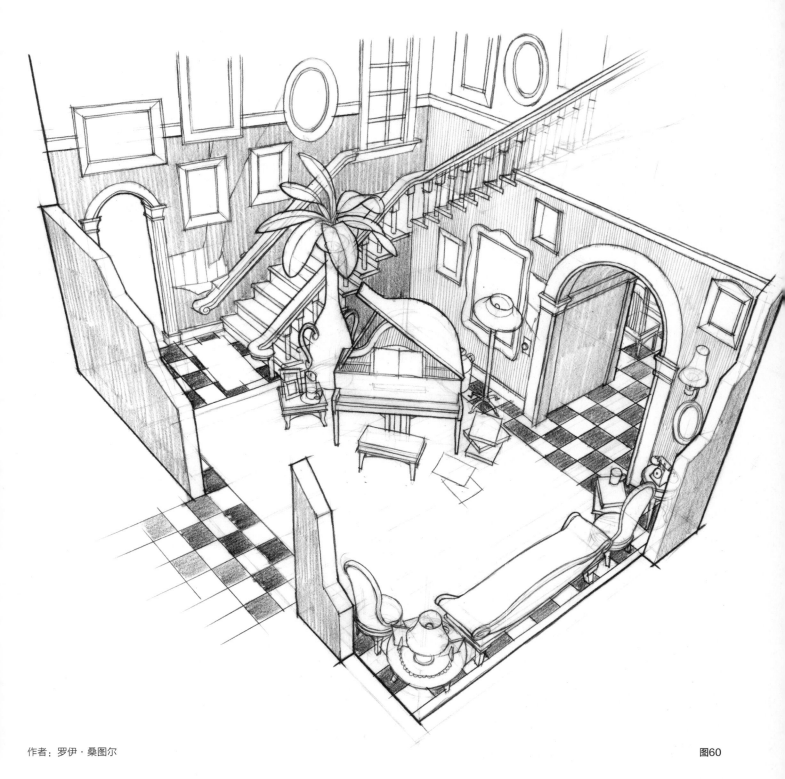

图60：这幅速写的三点透视网格与3D计算机程序生成的相似。这个视角与现实中所看到的非常接近，不需要添加曲线透视。因此对于这种景观，计算机生成的透视网格非常好用。

图62：对面的速写展示的是计算机程序生成的透视网格的影响，这正是我们以前的学生罗伊·桑图尔在为数字世界设计内部空间时想要的。在这个景观中添加前景物体会感到很奇怪，因为垂直线会在水平线之下发散开。如果要添加前景物体，建议使用单点或两点透视网格，这样画出的垂直线就会与水平线垂直了。透视绘画不会十全十美，往往需要权衡，多了解这些利弊，你就可以在自己的作品中做出恰当的选择。

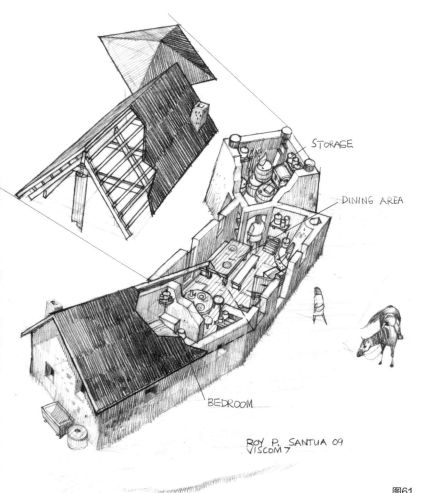

STORAGE

DINING AREA

BEDROOM

ROY P. SANTUA 09
VISCOM 7

图61　作者：罗伊·桑图尔

剖面图

图61：这幅图是剖面图的范例，这是一种说明信息的透视绘画，用于向他人传递设计意图。前景的房顶表面一部分被切割下来，露出后面和里面的部分。作为一个例子，罗伊将顶层切割下来，露出该结构的框架，将部分屋顶和内墙切割下来，露出家具和内饰。这类绘画可以有的放矢，一次性交代很多信息。

图62

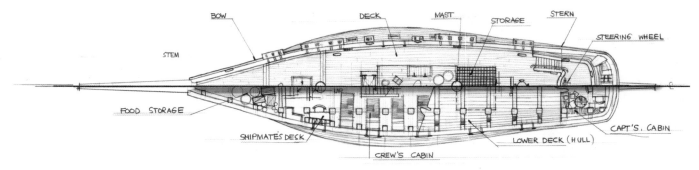

图63

草图

草图，又称正交图，它展示物体，不含透视。因为没有透视相交，画面上可以任意改变事物大小，便于按任何尺寸建造。这里追求的是维度信息的准确性。这两张图纸都来自同一艘船，一张为顶视图，一张为侧视图。往往最好是先画草图再画透视图。画一幅草图比画透视图简单，但转换为其他视觉形式以及最终转换为透视图的时候，也很容易出现问题。不需要考虑透视时，很容易将精力集中在设计上，但缺点是一旦画完草图，物体只有一个角度。

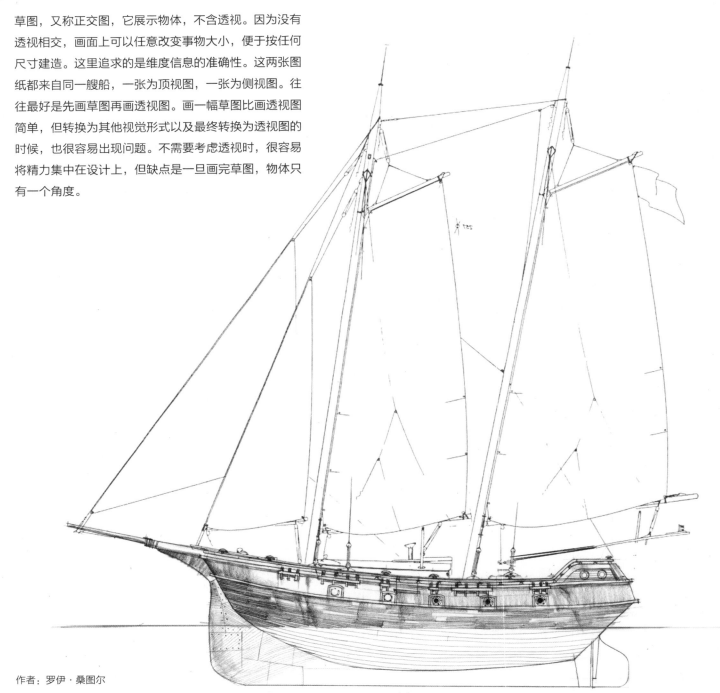

作者：罗伊·桑图尔

图64

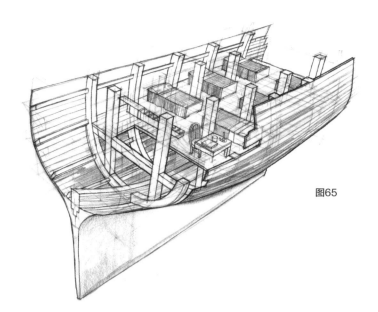

图65

为物体画透视速写的优点在于所有的透视角度都能被真正画出来，同时对设计和形式产生影响。这里罗伊侧重从不同的角度画船的某部分。画这些画的所有步骤都一样。先构建透视网格，然后画较大的面，最后添加小物体。

图66

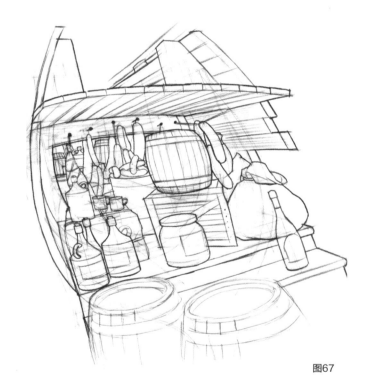

图67

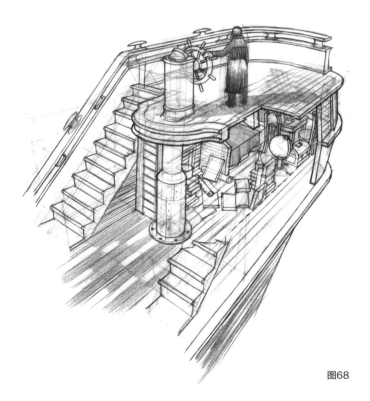

图68

画物体的大小也是如此，运用同样的基本透视绘画原理可以准确地画出任何大小的物体。以一组良好的参考线作为绘画的开端，用剖面线确定物体表面和轮廓。如果构图过于仓促，不使用参考线，那么绘画就会松散，不准确。速写这样做是可以的，但对准确度的要求更高时，记得深呼吸，耐心完成构建过程。

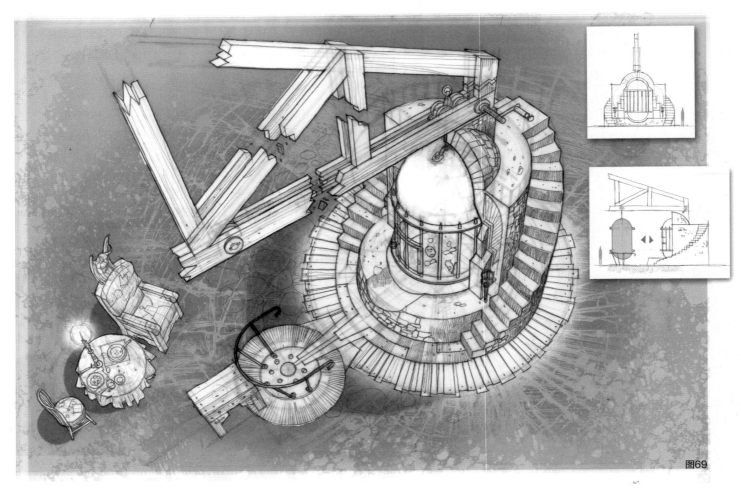

图69

作者：罗伊 · 桑图尔

4.12 组装和拆分图

组装图和爆炸图阐述事物是如何组合在一起的。这可能非常具体。图69展示的是设备和配件的组装和整合。除用于传递信息的组装图之外，还有两个画有相同事物的草图，笼状装置用颜色凸现出来，并用图像标识解释了其移动方向。

如图70和图71，优秀的拆分图可以进行解释说明，不需要使用注释和箭头，如宜家的组装指南中的信息图。视角的选择不是用戏剧的眼光，也不是为了让我们觉得身临其境，而是纯粹为了以最好的方式解释制作、组装或安装方法。一幅好图胜过千言万语。观察罗伊的线条，注意在每幅画的内部，他运用不同的线条颜色帮助观者理解每个物体中更细微的重叠因素。

另外，注意罗伊添加的背景，这些背景让物体的轮廓比起在白纸上更加突出。添加背景时，可以复制原始图片，也可以用马克笔画出涂抹背景颜色，还可以扫描原始图片，再借助Sketchbook Pro、Painter、Photoshop等计算机程序画出背景。

创建爆炸图时，先画物体组装好的位置，然后盖一层描图纸，运用透视的指导方法移动或滑动拆分部件。一般来说，拆分部件不应按照斜对角移动，而应在透视图中线性移动。先移动较大的部分，再拆分出小的部件，如图71所示。用重叠和加重轮廓颜色来体现部件之间的关系。最终常见的情况是在绘画的时候会有很多层描图纸，各部件多有重叠。

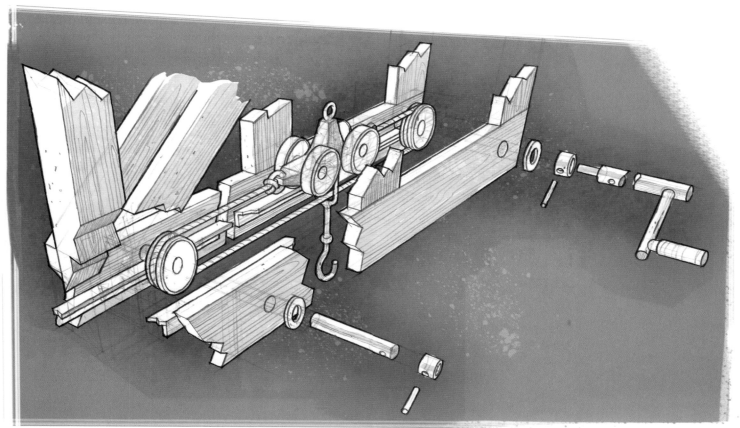

图70

图71

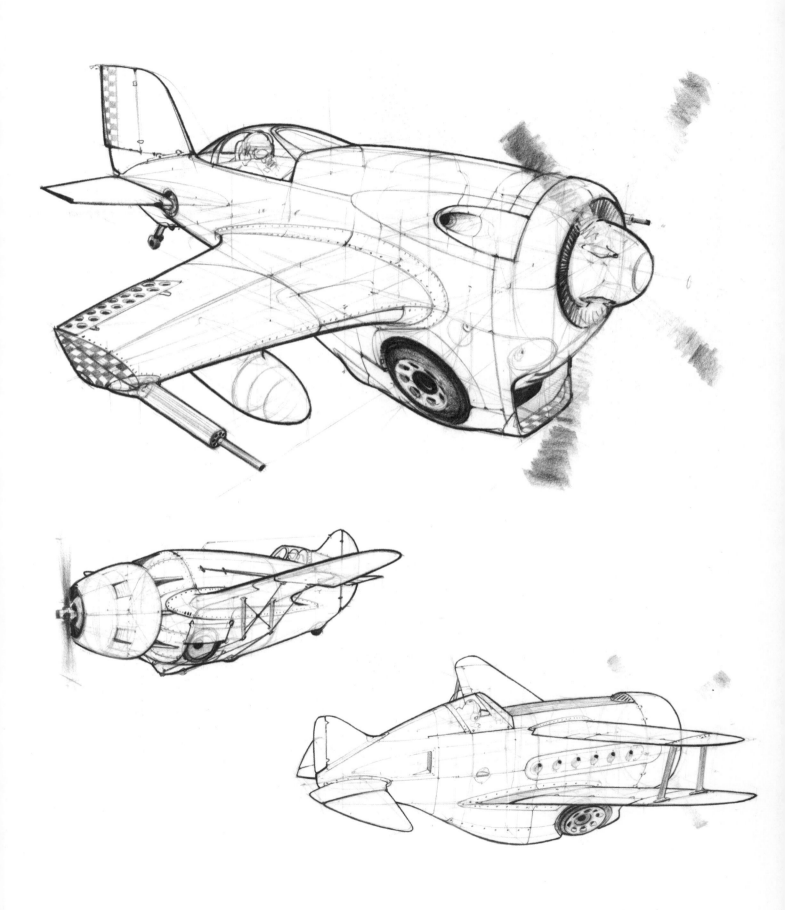

第5章　椭圆和旋转

在透视绘画中，椭圆是圆形的一种。椭圆的准确性可以成就一幅画的成败，因此本章的内容是学习如何画好椭圆。

对于带有铰链的襟翼、回转体以及旋转楼梯结构来说，画椭圆是基础。在向任何方向复制直角矩形的基础上，画好椭圆有利于生成极好的透视网格。在学习本章之前，首要的技巧便是可以将手绘的椭圆放置在任何一个短轴上。回顾这个技巧以及如何练习这个技巧，请参考第一章。

5.1 椭圆基础和术语

椭圆的结构

短轴是在透视绘画中构建圆形最重要的线条。椭圆有一条短轴和一条长轴。短轴将椭圆从其最短的维度一分为二，长轴将其从最长的维度一分为二。

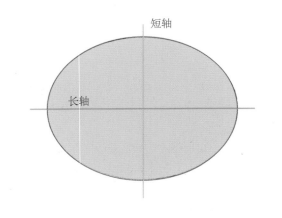

图1

忽略长轴

短轴往往穿过椭圆周围任意一个透视缩短的正方形的中心。而长轴几乎不穿过椭圆周围任意一个透视缩短的正方形的中心。因此，当我们把椭圆放置在透视图中时，长轴没有什么作用，可以忽略不计。

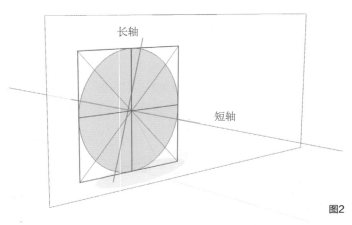

图2

短轴是关键

短轴还有另一个重要的透视绘画特点。它往往指向与所画椭圆的表面垂直的消失点。正因如此，短轴看起来像车轮的轴。

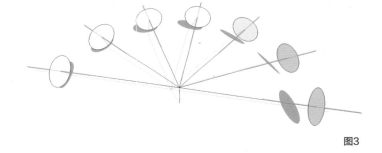

图3

椭圆角度

椭圆的角度即视线与椭圆平面的角度。为了更好地理解这个角度，试想地上有一串椭圆，当你向前平视，视线与地平面平行时，脚下的椭圆度数最大，随着椭圆向水平线移动，度数越来越小。水平线上的椭圆为0°，90°的椭圆形为脚下的正圆形，两者中间为其他度数的椭圆。

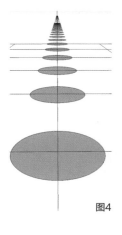

图4

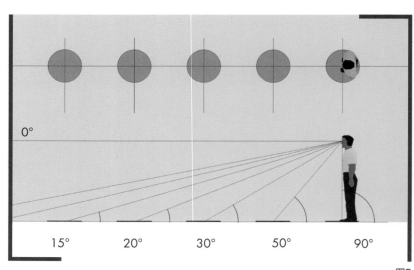

图5

▶ 视频讲解

5.2 将圆形放置于透视图中或画椭圆

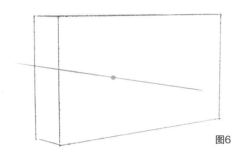

图6

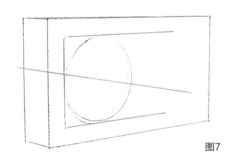

图7

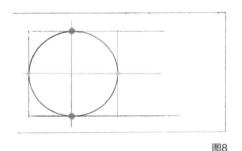

图8

将椭圆放置于表面

理解了短轴其实是椭圆的一个3D元素，我们就可以在透视绘画中将圆形放置于表面上了。记住椭圆的短轴就像汽方向盘上的转轴，它们互相垂直。

短轴始终与圆形所在的平面垂直。

第一步，图6：在透视图中确定一个竖直的表面，我们将在其上画圆形。画一条垂直于该表面的直线。这条直线就是椭圆的短轴。

第二步，图7：围绕短轴画一个椭圆，估算椭圆的度数。然后围绕该松散的椭圆画一个边界框。边界框可以检测所画椭圆的度数是否正确。

第三步，图8：表面圆形的侧视图展示了要找到椭圆的正确度数需要满足的条件。与所有线条相符的圆形只有一个。以下是圆形和椭圆需要满足的条件。

- 圆形与左侧竖线的中点相交（青蓝色的点）。
- 圆形与上下两条线的交点（紫红色的点）可以连接成一条竖直的线。
- 圆形与右侧的闭合线的中点相交。连接前后两个点得到一条与上下两条线平行的线条（青蓝色线条）。这三条水平线有共同的消失点。

第四步，让我们试一下，轻轻地画一个椭圆，检查一下它是否符合所有条件。如果不能满足所有条件，调整一下椭圆度数，使其放大或缩小，直至满足所有条件。然后用椭圆板调整画面。

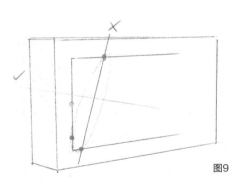

图9

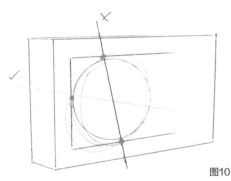

图10

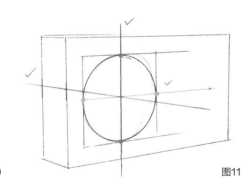

图11

角度太小

图9：在检查其他条件前必须确保短轴是正确的。当椭圆没有经过竖直线的中点（青蓝色的点），而且两个接触点也无法竖直地连接起来时。需要增加椭圆的度数，画一个度数更大的椭圆。

度数太大

图10：当两个接触点竖直连接起来时。需要减小椭圆的度数，画一个度数更小的椭圆。

度数正确

图11：所有条件均符合。通过后面的闭合竖线可以确定后面竖直线的中点。连接两个中点所得到的线条（青蓝色）指向正确的消失点。拿一个椭圆板，将椭圆调整一下。

5.3 用椭圆构建一个立方体

学会如何将圆形放置在透视图中，形成椭圆之后，就可以在透视图中构建立方体了。这对于在透视绘画中构建网格，掌控物体的某些部分来说非常有用。

这个技巧的基础是可以娴熟地画椭圆，然后围绕椭圆画透视矩形。用一个网格多加练习，直至将这个技巧运用自如。让我们画几个立方体吧。

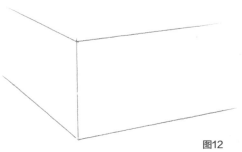

图12

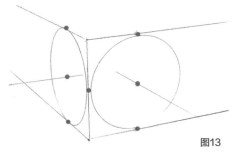

图13

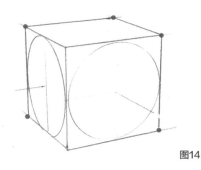

图14

第一步，图12：用一个透视网格确定立方体的高和前角。确定椭圆的短轴消失点。

第二步，图13：在两个面上各画一个与这个角相切的椭圆。每画一个椭圆时一定要使用正确的短轴，然后调整其角度和大小，使其符合所有条件。椭圆板的大小和角度并不总是完美的，所以需要补充完善。

第三步，图14：添加与椭圆相切的竖直线，确定立方体的比例。根据前面线条确定的透视网格添加顶面。

5.4 偏置椭圆

一旦椭圆的短轴确定了，偏置椭圆，创建更加复杂的装配图就变得简单多了。

在保持度数不变的同时，用椭圆板调整椭圆大小，只要这些大小不一的椭圆沿着短轴紧挨在一起就可以了。当沿着短轴向透视深处移动时，记得同时改变度数。只需重新画一个透视矩形，就可以再次确认度数，详见第71页。

在画汽车的时候，一定要清楚车轮的转动方向。如果朝向正前方，车轮的短轴将与车身的透视吻合。但如果车轮转动，画椭圆之前要找到与车身相对应的正确的短轴。

时刻谨记，合理地画椭圆仅需要做到两件事：1. 正确的短轴，2. 正确的度数。如果短轴不正确，无论再怎么调整度数，椭圆看起来都不对。

图15

图16

5.5 带有铰链的旋转襟翼和门

一旦可以在透视绘画中准确地画出椭圆，就可以画带有铰链和旋转的元素了。这些图都保留了原始形式，没有对画面进行清理，因此旋转结构一目了然。

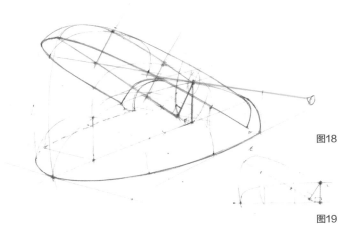

图18

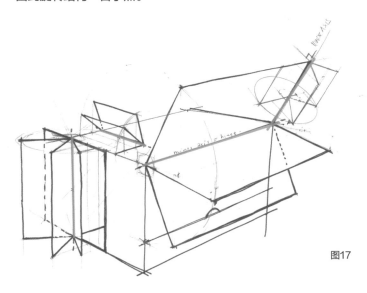

图17

图19

蓝色线条

通过旋转所需的点可以旋转和重画整个构图网格，然后重画旋转面。这比旋转一个盒子的侧面难一些，但运用的都是相同的构图技巧，依靠的都是准确地画出椭圆。

红色线条

绘图中各点的旋转路径标记为红色。这些结构椭圆有时并不需要全部画出来，因为并不总是需要将椭圆全部画出来才能完成旋转。手绘时请记住，这些依然都不一定是准确的，往往会被调整覆盖。

绿色线条

短轴，即绘图中的铰链，标记为绿色。对于每一个旋转的地方，找到使物体旋转的铰链，椭圆就画在这些铰链上，用于计算襟翼的旋转维度。

图20

▶ 视频讲解

5.6 分割椭圆

分割椭圆的能力有助于画螺旋楼梯、坦克履带上相等齿距的链环、表盘上指针的位置、齿轮上的齿等。将笔头削尖，达到最佳效果。

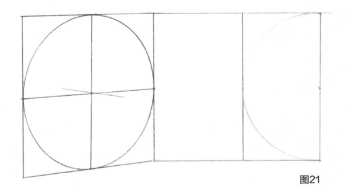

图21

第一步，图21：在透视图中构建椭圆，我们将对其进行分割。取椭圆的纵高，向旁边延长。最后画一个半圆。

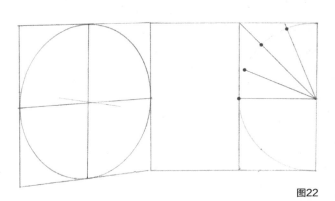

图22

第二步，图22：从半圆的中心开始，用量角器将其分割，添加分割线。在这个例子中，圆形以22.5°为单位进行分割。这里只分割了四分之一，可以根据需要继续添加。

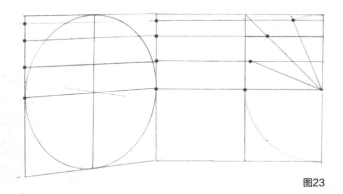

图23

第三步，图23：经过圆形的交点向椭圆的竖直线画水平平行线。从与椭圆相切的竖直线上的点开始，将这些线延长至透视图。确保这些线在恰当的消失点相交。

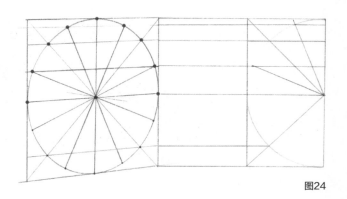

图24

第四步，图24：将平行线与椭圆的交点标记出来。连接椭圆的交点和椭圆的中心，并将其延长至椭圆的下半部分。

螺旋

构建一个螺旋，如螺旋楼梯，要运用椭圆分割技巧。螺旋楼梯甚至还有扇形的楼梯踏板，每层踏板以相同高度递增。下面，我们逐步分析。

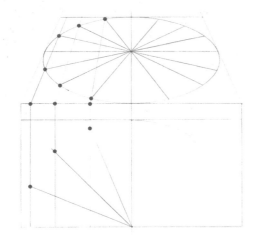

图25

第一步，图25：首先，将椭圆按照所需的阶梯数量进行分割。运用的是同样的分割技巧，但这次椭圆是在地面上。因此，使用与椭圆相切的水平宽线，而不是竖直高线。

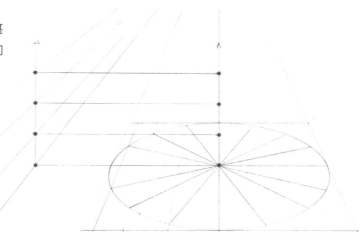

图26

第二步，图26：现在，准备提升阶梯。每个阶梯都有一个平坦的面，但三个角中每个角都有不同的透视深度。这里，对那些有助于找到正确透视深度的线条进行标记。首先，标记楼梯中间的阶梯高度。然后，将其转移至一边（红色线条），不妨碍构图。接下来，画一条竖直线，标记交点。最后，将转移的高线延长至透视图中，添加在消失点交汇的平行线。

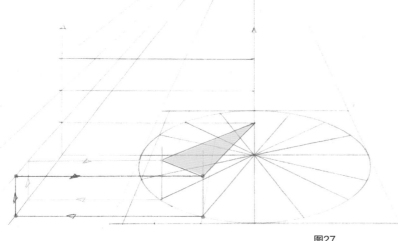

图27

第三步，图27：搭建第一个阶梯要在椭圆的交点处画两条竖直线。要找到第一层阶梯的正确高度，在左侧画两条平行于水平线的线条，直至其与高度比例线相交。再竖直向上画，直至下一个高线，然后画两条与阶梯竖直线平行的线条（青绿色和蓝色线条）。透视中的正确阶梯高度就确定了。第一个完整的阶梯面为橘色阴影部分。

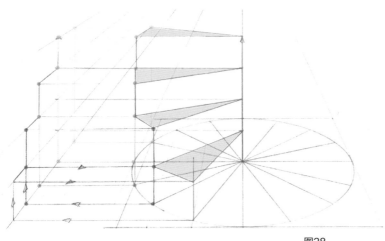

图28

第四步，图28：每一步阶梯都要重复这一步。这是手绘螺旋楼梯的最佳方法。当然，这比3D建模程序更加耗时耗力，底衬最终会用于构建基础的透视网格，但当需要在3D底衬之上手绘细节时，掌握了这一技巧就会大有裨益。

5.7 分割椭圆的捷径

五辐条车轮结构分割

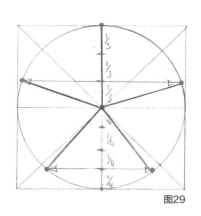

图29

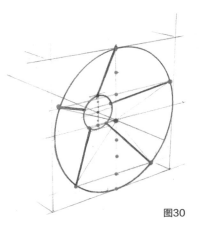

图30

图31

构建一个完整的椭圆分割结构，时间往往不够。因此，需要通过重复部分来找到快捷方法，这里的例子是计算车轮上五个辐条的位置。首先，将竖直中线的上半部分三等分，将其下半部分四等分。然后，在上半部分中线的三分之二处和下半部分中线的四分

之三处各画一条平行线，使其与椭圆相交。这些交点便是每个辐条的端点。接下来，在中间的小椭圆上重复这一步，找到每个辐条在中间的位置，以此创建转向车轮中心。

履带分割诀窍

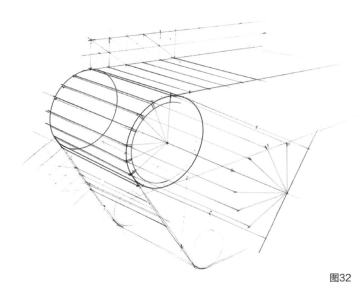

图32

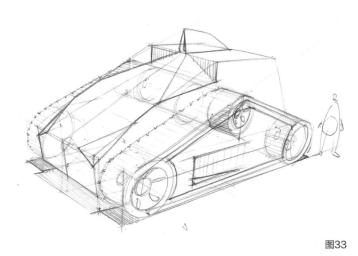

图33

在前面的结构中，椭圆被精确分割，但有时所有的要求只是大致参考椭圆外面的透视缩短空间。该平行透视并不符合三点透视规律，但可以呈现想要的基本视觉效果。

要达到这一目的，通过平行结构延长短轴，从平行结构开始分割，而不是分割竖直线。这个方法节约时间与精力，因为不用将线条转移至透视结构中，但对画线速度要求较高。当草图细节不需要符合所有透视结构时，这种方法就大有裨益了。

▶ 视频讲解

5.8 在斜面上画圆形

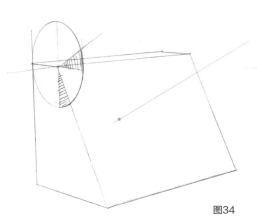

图34

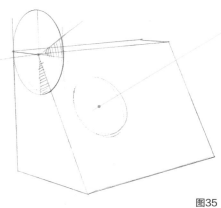

图35

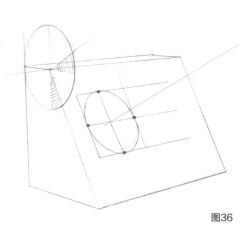

图36

图34：在透视绘画中，在斜面上画椭圆需要确定短轴相对于斜面的位置。首先，围绕盒子边缘（绿色）画一个椭圆。大小不重要，但是椭圆的所有条件都要满足。然后，添加一条竖直线，一条水平线，将椭圆一分为四。看看从竖直线开始，斜面的角旋转了多少度（蓝色阴影）。现在看看椭圆的水平线，估算同样的旋转度数（橙色阴影）。这决定了斜面上任何一个椭圆的短轴的角度。

图35：短轴（绿色）垂直于表面。围绕短轴轻轻地画一个椭圆，尽量猜测它的角度。

图36：画一个边界框的三条边，边界框与斜面的透视网格相吻合，检查椭圆的度数。如果椭圆切点可以恰当地相交，那么所画的椭圆度数就是正确的。

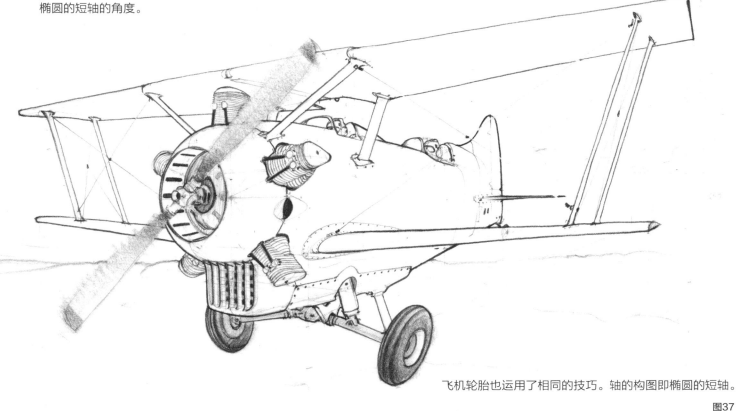

飞机轮胎也运用了相同的技巧。轴的构图即椭圆的短轴。

图37

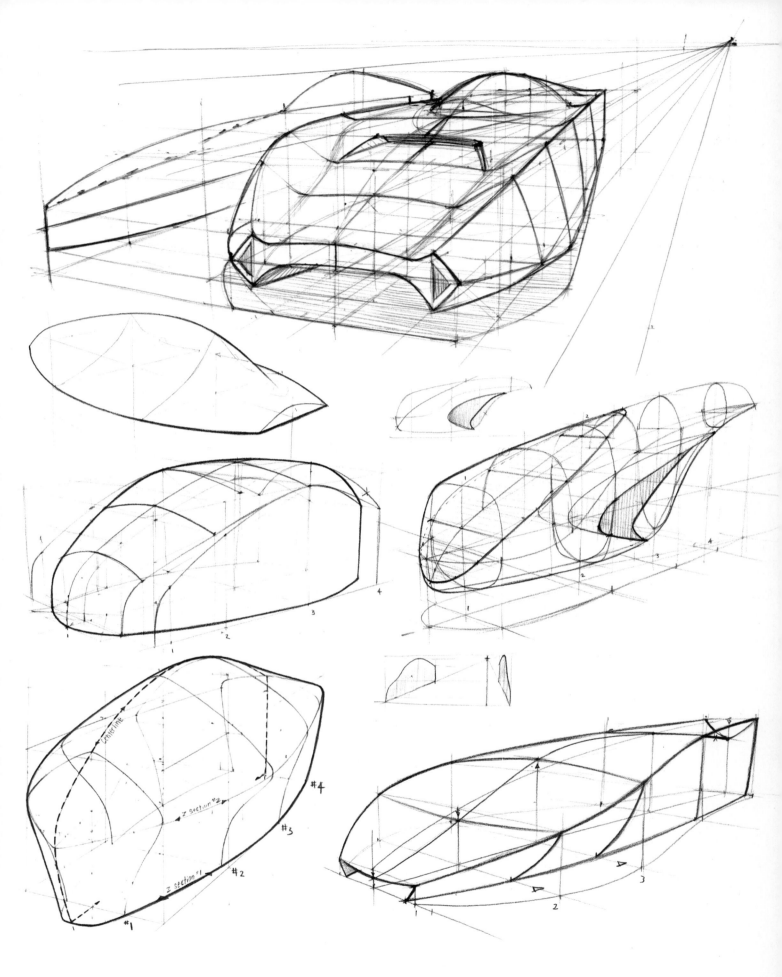

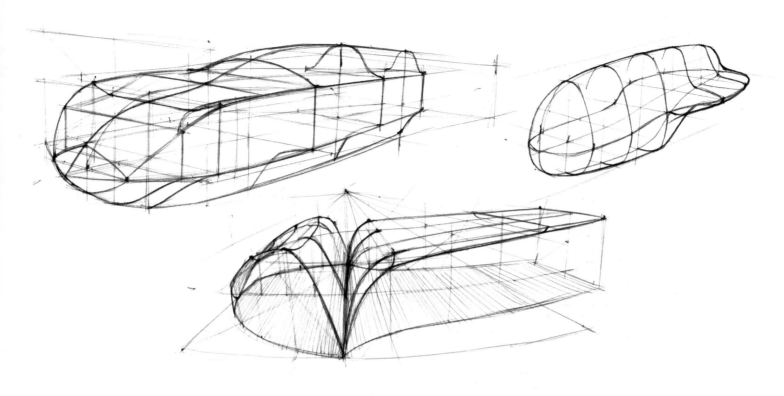

第6章　玩转体积

如果你对于精确地画出较大难度的透视对称形状很感兴趣，那么本章就是学习的关键章节。本章将分解并解释所有常用的、有效的造型技巧，一页一页地学习，将所学的知识吃透，到本章结束时你基本就可以画出任何透视形状了。经过多年的教学实践，我们发现了形状造型的各方面的问题，并各个击破。掌握了前面的知识再加强难度，这样你对于想象的形状构图的理解会大大提高。本书中前几章学习的所有知识在本章中都会用到，所以如果跳过了前面的内容，你很快就会感到困惑。不要沮丧或将本书束之高阁。知道前面的基础练习对于成功的重要性，就深呼吸，停下来，回到前面需要学习的章节重新学习。

准确地绘制透视体积的关键是绘制草图，即在没有任何透视交汇的情况下从不同的角度画同一个物体的技能。这似乎有悖于直觉，但我们即将教给大家的绘画方式就很像在透视中同时画同一个物体的多个角度。按部就班地学习，这个方法将成为你绘画的第二本能。掌握了从草图的视角构思形状的能力之后，我们就开始画透视图，运用截面来构建形状，即根据透视网格和透视指导原则在X、Y、Z面上绘画。画直线的能力和运用这些直线标绘点的能力将直接影响表面呈曲线形体积的精确度。

X–Y–Z截面绘画是画复杂体积的核心技巧，例如后面章节中将介绍的汽车。画不同的形状需要一些演绎推理来确定截面的最佳位置，但这些知识大多来源于实践。确定透视绘画中某个体积的表面时，更简单的方法是运用截面线条。现在我们来学习怎样画物体的基础吧。

6.1 画透视图前先画平面图

本章中将学习的这种截面图可以是最初潦草的草图，也可以是比说明图更精确的类似于建模的图。因此，最好是在细致的透视构图图之前先画平面图，即从几个视角画几幅简单的速写图。这就是"各个击破"的方法，将最初的想法分解成具体的几个方面，运用简单的绘画技巧集中精力将其画出来，这样既节约时间，又可以在画透视画之前完善设计。将你想象中最清晰的部分画成简单的草图，无论是侧面还是上面或前面。先画草图可以使整体的比例更加清晰，而不用担心透视缩短等。下面通过几个潦草的草图来阐述这个方法。

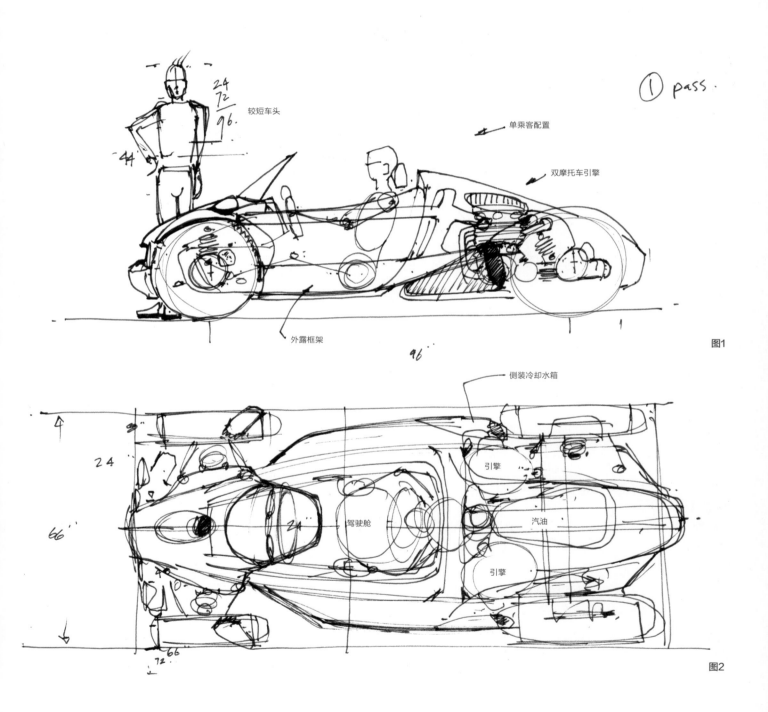

图1

图2

手指状

抛尾

前部 ➡

图3：所有这些自行车头盔和摩托车的概念图都不是透视图，但其中很多设计工作已经完成了。但在和工程师或3D建模师沟通如何构建设计时，这些图将是他们最想看到的。这些图没有透视交汇，一般被称为平面图或"正交图"（正交视图或正字法视图的简称）。

图3

6.2 正字法视图，又称正交视图或平面图

正字法视图是仅从一个面观察物体，不含任何透视交汇。在这种图像或绘画中添加维度或进行测量非常简单。因此，这是构建物体时常用的一种图。

如下图所示，黄色汽车的四个视角，顶部、后部及两个侧面都可以进行测量。但是，3/4透视视角在沟通汽车的外观方面效果最好。因此，可以精确地画出这两种图很重要。画物体的正字法视图，即通常所说的平面图，比较简单，在这里就可以开始从平面图向透视图的转化了。

我们为了准确地画出透视图而反复使用的最重要的技巧之一便是考虑怎样将正交视图投射到透视网格中的X、Y、Z面上。我们简化一下这个透视绘画技巧，每次将精力集中在一个面上，这样一个准确而复杂的透视绘画就画好了。

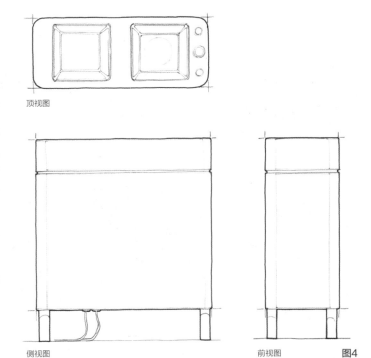

顶视图

侧视图　　　　　　　　　前视图　　　　图4

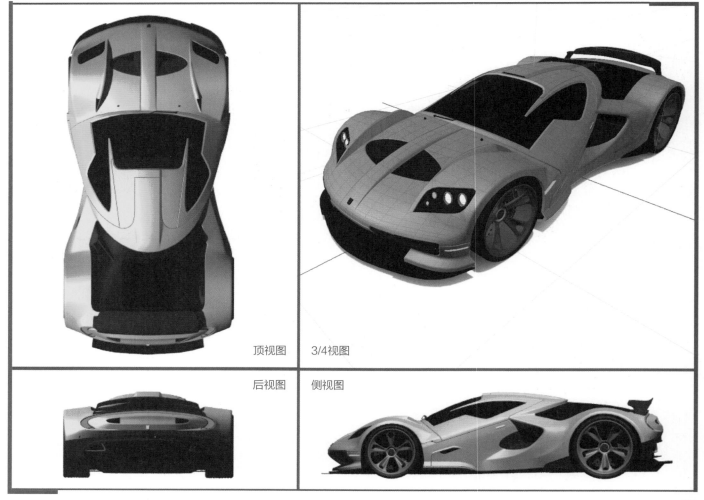

顶视图　　3/4视图

后视图　　侧视图

图5

视频讲解

6.3 将侧视图转化为透视图

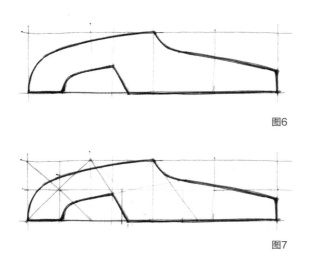

图6

图7

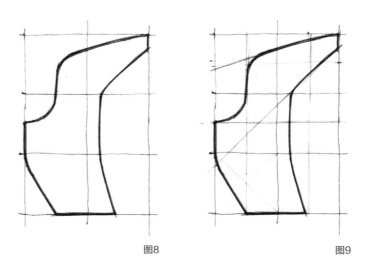

图8

图9

第一步，图6：画一个矩形作为边框，将其平均分割为正方形。图6中的矩形比例为1：4，图8中的矩形比例为2：3。在矩形中画一个简单形状的侧视图。反过来，可以先画形状，再画矩形，但矩形必须平均分割为正方形。

第二步，图7和图9：添加多个线条，产生更多的交点。试着将该形状中较短的部分延展，找到它们与边框矩形的交点的位置。将其添加到透视面中，在已完成的部分中画速写时，大有裨益。极端的透视缩短很难预测，因此创建更多的参考点，画起来就容易多了。

好了，现在我们将简单的侧视图转化成透视图吧。

第三步，图10：在透视图中画一个与侧视图比例相同的矩形。充分运用我们前面学到的技巧。矩形可以通过计算机程序生成，也可以通过复制透视正方形的方法手绘。第一步的正确性将决定透视形状图的准确性。

寻找平面图与透视图中对应的直线位置和交点。找到这个形状的直线与透视网格矩形的交点。完成这些简单的对应后，在这两种视图中添加更多的参考线条。这有助于对平面图进行透视缩短，提供更多的参考点。

这里最重要的经验是只要在精确的透视网格中画出边框矩形，平面图中的任何物体都可以转移到透视图中。

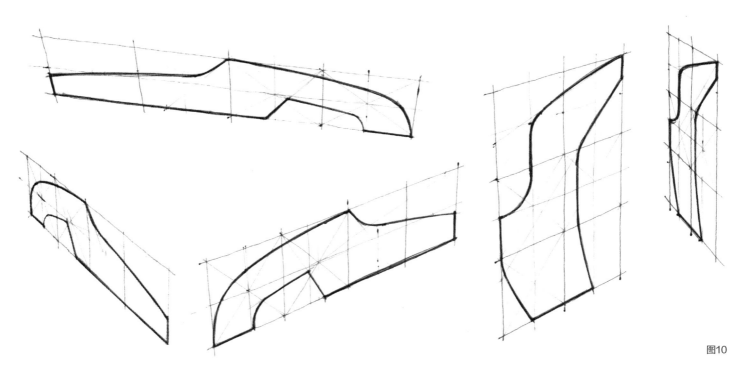

图10

6.4 汇总起来：X-Y-Z 截面图

当你画各个截面来确定一个物体的体积时，想想你是在透视缩短的面上画正交视图。通过一次在一个透视面上画正交视图，每添加一个面，体积就会越来越清晰。基本上，体积是从里向外构建的。

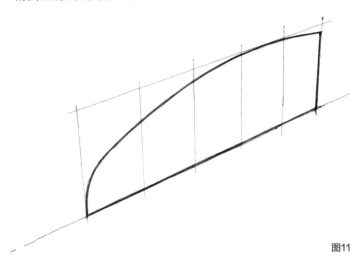

图11

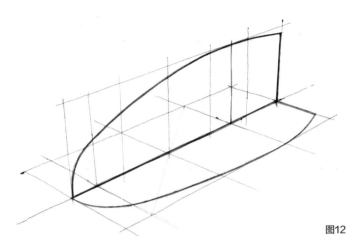

图12

第一步，图11：从Y面开始，确定该形状的中线。在这个构建面上画出想要的中线。记住，在第一个面上，注意力只放在该形状侧视图的轮廓上。

第二步，图12：通过添加左消失点方向的透视指导线条，确定该体积即将落于的平面。通过竖直指导线和中线底部的交点画出这些指导线条。添加向右消失点的指导线条，确定顶视图的宽度。映射宽度，然后画出Z面的顶视图（蓝色线条）。Z面上指向左消失点的线条即为X面的位置。

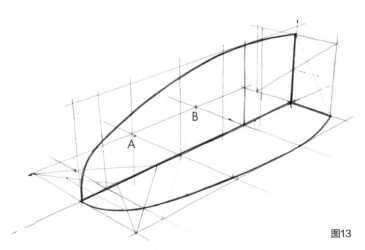

图13

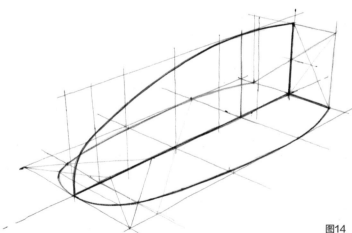

图14

第三步，图13：将顶视图向Z面较远的另一边映射。也可以先画较远的一边，再向较近的一边映射，两者没有区别。通常先画视觉上较简单的一边。前面使用的是对角映射方法，后面用的是矩形方法。A点和B点是通过参照顶视的边界矩形估计出来的。

第四步，图14：通过映射的参考点。尽可能精确地画出映射顶视图的线条（蓝色线条）。不要过分信任映射点的准确性，这意味着如果顶视图的前半部分是一条没有任何节点的平滑直线，那么映射的线条也应是一条平滑曲线。因为这是手绘图，映射的参考点可能稍微偏移，画映射线时要注意这一点。

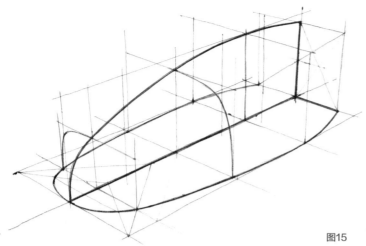

图15

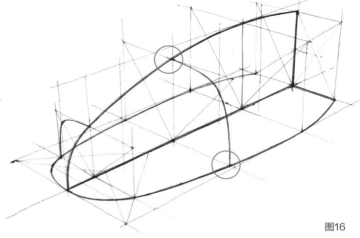

图16

第五步，图15：回头看一下。在第二步画顶视图时，唯一的限制是需要在中线所在的Z面上让前面的面或后面的面与中线对齐并相交。除在这些点上与中线相交以外，顶视图可以是任何形状的。它可以超过侧视图的长度，但必须在中线与Z面的交接处与中线的长度相吻合。现在是在画体积的轮廓线之前完成截面图的最后一步了。在任意截面位置添加X面，这些位置应符合透视指导原则，并且与Y面和Z面相交。可以画在中线的任意一边，现在只画一半。

第六步，图16：正如Z面必须与Y面的中线的前面或后面相交，X面也有局限。它们可以是任意的形状，但必须与Y和Z面的末端相交，这取决于Z面上指向左消失点的透视指导线和Y面上的竖直线。新添加的每个X面都有这样的局限，都与已经画完的Y面和Z面保持这样的关系。如果先画的是X面，那么Y面和Z面也会相应受到限制，但先画长面更容易得到平滑流畅的形状，在这个例子中便使用了侧视图和顶视图。上图运用了对角方法来映射X面。

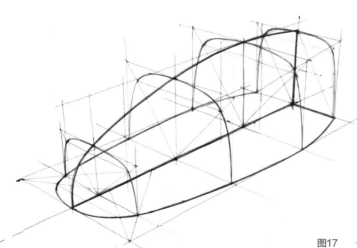

图17

图18

第七步，图17：添加和映射其余的X面。指向左消失点的浅绿色线条是用来转移参考点的，从对角线与X面线条的交点开始转移。要尽可能地使用图中已有的线条，寻找最简单的结构。这样可以将线条数量最小化，使构图干净整洁。

第八步，图18：X-Y-Z形状由最后一条线拼接在一起，即轮廓线。物体的轮廓线非常重要，它通常是对比最强烈、线条最宽、颜色最深的线，体现物体的整体形状。在这个例子中，画一条与所有面上的线都相切、确定体积最外围形状的线。上图中，轮廓线从顶视图开始，上行与第一个面相切，然后与下一个面相切，在下一个面，直到右边的最后一个X面，然后再次回到顶视图。

6.5 面的延伸

一个有效的方法是将这些类型的截面图视为"工作图",可以反复修改和调整为新的形状。这介于构建实体模型和数字模型等体积和绘制说明图之间。要绘制一幅美观的说明图,可以叠加工作图,这样不会花太多时间。第149页绘制飞机图的章节末尾有一个例子。现在让我们取最后一个例子,对其体积进行修改和延展。

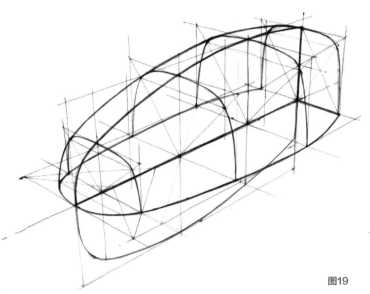

图19

第一步,图19:画透视指导线条(绿色线条),延长网格,然后为所需的形状延长中线。唯一的限制就是它必须与最初的中线在Z面或前或后的位置相交。

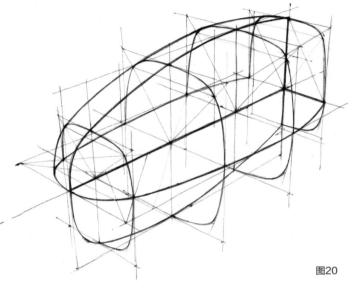

图20

第二步,图20:将X面的线条延长至任意形状,但它们的末端必须位于图案下半部分的新中线上。

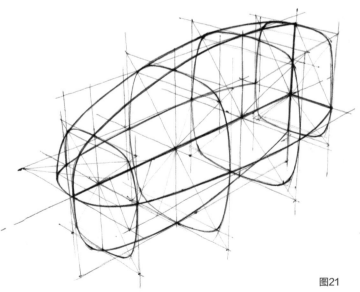

图21

第三步,图21:将X面映射到另一边。在这里,再次使用对角线方法。步骤和局限与前面几页一致,只是现在X面和Y面颠倒了。

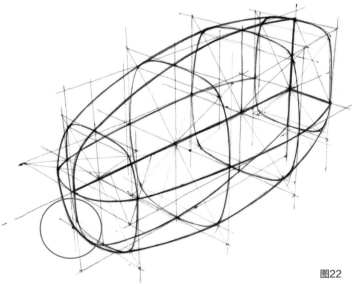

图22

第四步,图22:现在你可以更有信心地画出延展图形的轮廓线了。画轮廓线的时候,仔细对照各个面的线条。注意因为较远的一边的第一个X面的正方形影响,较远一边的轮廓线穿过中线后需要稍微凸出。

6.6 双曲线联合体

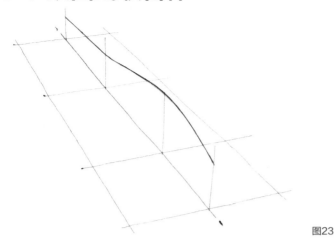

图23

第一步，图23：透视双曲线联合是各种物体的常见特征之一，因为许多物体都是对称的。从透视网格和中线开始画起。在这里，Z面的透视缩短宽度已经在网格中画好并作为底衬使用。

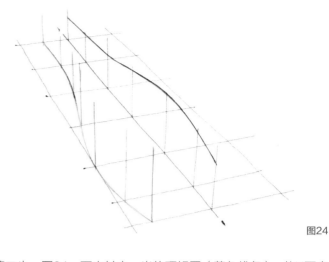

图24

第二步，图24：画出其中一半的顶视图（蓝色线条），从X面穿过顶视图线的位置开始，延长竖直的构图线。

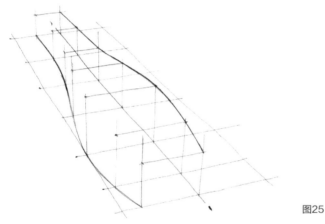

图25

第三步，图25：延长顶视图中中线的高（红色线条），直至与这些竖直线相交，得到的参考点有助于画出边接两条曲线的连接线。

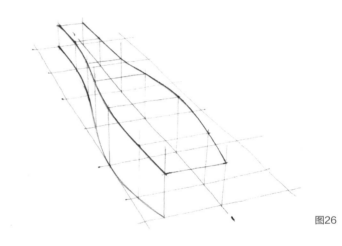

图26

第四步，图26：连接这些参考点画双曲线联合体的线（蓝色线条）。

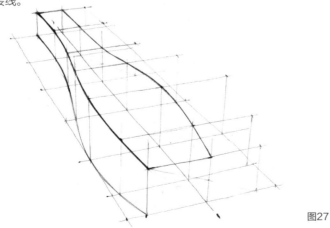

图27

第五步，图27：将双曲线联合体的线向另一侧映射。有些参考点可以通过几个矩形确定，其余参考点则通过参考顶视图Z面的边框矩形确定。

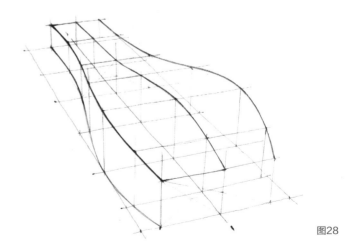

图28

第六步，图28：确定映射参考点后，画映射曲线。看看映射曲线与较近一侧的曲线相比有什么不同。这就是掌握结构重要性的原因。

6.7 切割体积

从体积中进行切割需要用到前面的截面绘画技巧。这是因为将一个形状投射到另一个形状上最简单的方法就是使用截面线条，然后看看它们的焦点在哪里，找到那些可以用来画切割处的边缘的点。

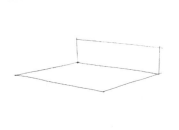

图29

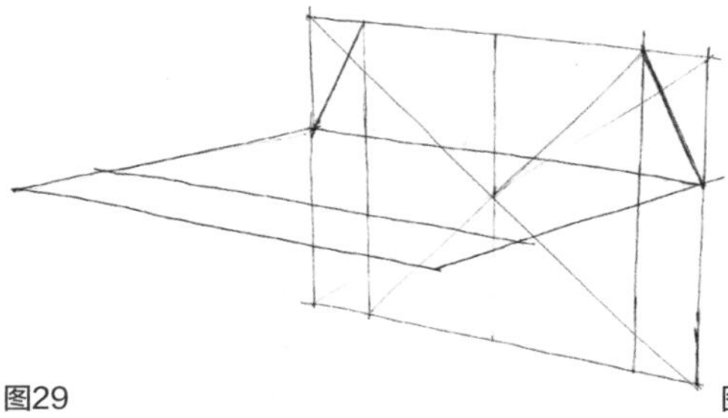

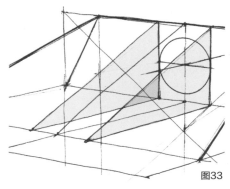

图30

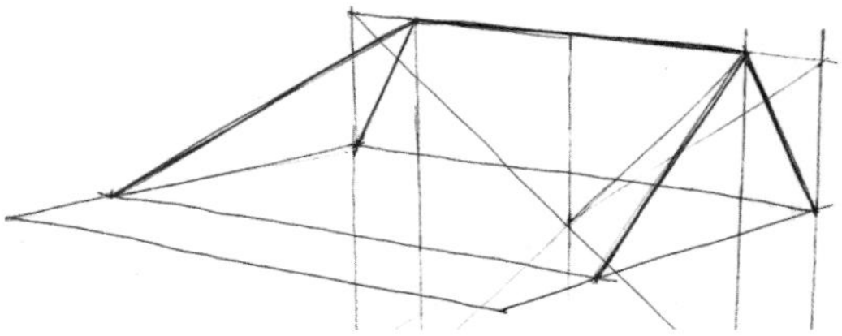

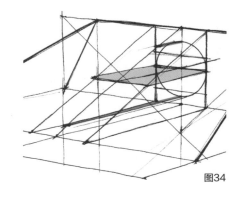

图31

第一步，图29：画一个带有竖直面和水平面的网格。

第二步，图30：画一个基础的矩形面（红色线条），上面带有两个成角的X面（蓝色线条）。

第三步，图31：将顶部较窄的边与地平面连接（蓝色直线）。这个锥形面的结构恰好是构建汽车挡风玻璃的基础。

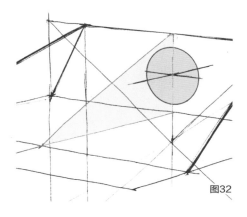

图32

图33

图34

第四步，图32：在竖直面（红色阴影）上画一个椭圆形。在椭圆中间画一个Y面（蓝色三角形）。

第五步，图33：在椭圆的左右两个面各画一个与之相切的Y面（绿色三角形）。这将椭圆的宽投射到了斜面上。

第六步，图34：沿Y轴从椭圆上映射几个点，直至它们与斜面的截面线条相交。用线条或面向前投射（红色线条或蓝色面）。任意一种方法都可行，因为这些其实是同一种方法。

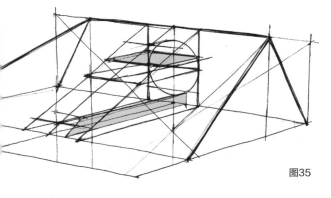

图35

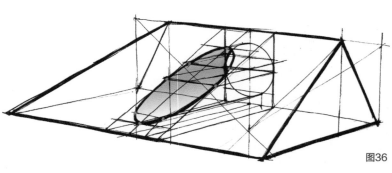

图36

第七步，图35：使用更多的线条将椭圆切割成片，得到更多向前投射的点，同样也是沿Y轴。水平或竖直构图面都可以用，因为它们在转移点时效果是一样的。哪个面方便用哪个。一旦一个点向前投射，它就可以映射到中线的另一边了。

第八步，图36：最后，通过投射点（红色点）画一条曲线。现在斜面（灰色阴影区域）上已经切割出一个洞了。这是一个正Y轴投射，如果物体沿着Y轴看正交视图，被切割出来的洞就会是个正圆形。

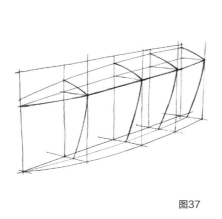

图37

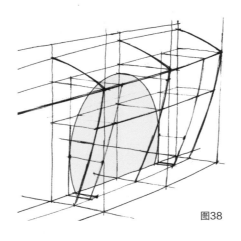

图38

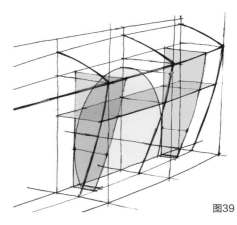

图39

第一步，图37：在这个练习中，我们将从一个更加复杂的体积开始，这个体积含有一系列截面线条。这个结构恰好可以用来在汽车的侧面车身切割出轮胎。

第二步，图38：画出洞的形状，它即将被投射到曲线平面上（蓝色阴影区域）。待投射的曲线应在一个平坦的构建面上，与投射的方向垂直。在这个例子中，曲线位于体积较远一侧的垂直平面上。

第三步，图39：从有利于将切割出来的曲线投射到体积外表面的战略性点出发，构建三个新的截面，两个X面，一个Z面。确定X面（橘黄色），它们与投射曲线最宽的维度相切，将Z面（黄色）抬高一些，产生另外两个参考点。画这种切割图像时，要确定额外的构图面的最有利位置，可能需要演绎推理、练习和反复试验。你只要记住，在需要额外参考点来辅助画投射曲线的地方添加截面。

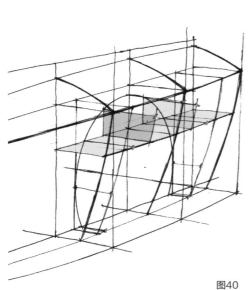

图40

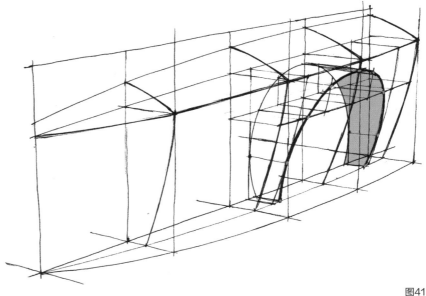

图41

第四步，图40：转移新截面的交点，沿X轴将想要切割的方向向外转移，直至它们与该形状外表面相交，产生参考点（红色）。添加部分X截面（绿色），画曲线之前再多确定两个点。

第五步，图41：最后，通过参考点画一条曲线。这条曲线是通过将切割曲线投射到体积的外表面得到的。阴影区域（浅绿色）是这个透视结构产生的新的表面。运用截面线条，沿着一条投射轴，将一条曲线投射到另一个表面的基本概念已经被反复用来计算围绕平面的更加复杂的曲线，这在接下来的章节中还会出现。

6.8 添加半径和嵌边

用一个半径或一条嵌边连接两个面是很常见的。半径法通过一条向外的曲线连接两个面,嵌边法通过一条向内的曲线连接两个面。半径法相当于挖出部分体积,嵌边法相当于添加部分体积。

这样理解这个概念相对而言比较简单:试想盒子的一个角变成圆柱体的四分之一大小,也就是说这个角的大小与圆柱体的半径相等。

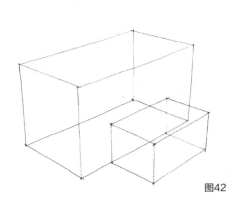

图42

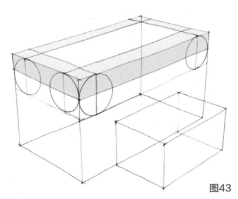

图43

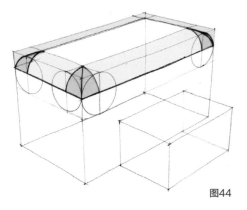

图44

第一步,图42:以两个盒子的结合开始。确定哪几个角将运用半径法。记住,半径法相当于挖去部分体积。

第二步,图43:在盒子的边上画椭圆,将这些椭圆视为圆柱体的底部,而这些圆柱体则与你想修整为半径的角平行。在盒子的面上画出圆柱体表面的切线(蓝色)。

第三步,图44:红色高亮部分是盒子的角,他们也是四分之一圆柱体的一部分。蓝色阴影区域是半径法所切除的部分。

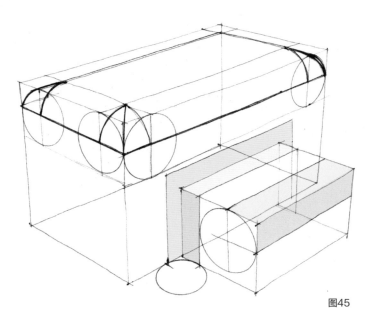

图45

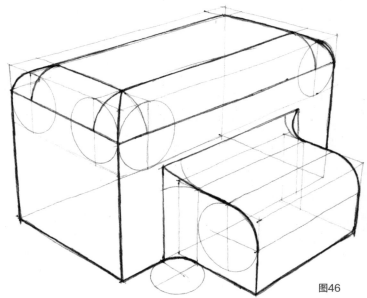

图46

第四步,图45:现在添加嵌边,以此添加体积,将两个盒子结合在一起。运用同样的绘画技巧,画几个与盒子表面相切的椭圆,红色区域表示嵌边,蓝色区域表示半径。

第五步,图46:竖直延长嵌边,直至它与水平嵌边相交,将小盒子的顶端与大盒子的侧面结合在一起。两者的结合产生了一个较硬的边缘,这个边即原始角的延展。加深这条硬边的线条颜色。

6.9 包装图样

包装于物体上的图样与切割体积时将形状投射在表面不同。这种结构如同在一个瓶子上贴商标或在一个表面贴标签。标签不可以拉伸,所以需要在结构中体现标签围绕着表面弯曲,这也让结构变得更加复杂。

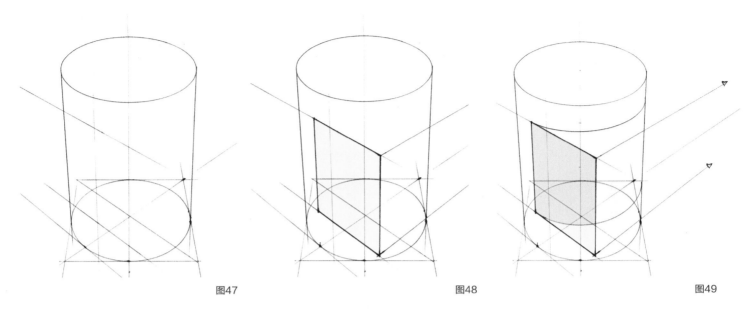

图47 图48 图49

第一步,图47:先画一个体积,图像将包裹在这个体积上。最好该形状的界面可以确定下来,因为这是构建这个结构的关键所在。

第二步,图48和图49:在这里,蓝色的面在空间上是悬浮的,其左侧的边在红色的线条处紧贴圆柱体。目的是围绕圆柱体的表面将其弯曲。

如果其进行投射,就会产生阴影区域。这是不可行的,因为没有考虑到商标的不可伸缩性。这里需要更好的解决方法。

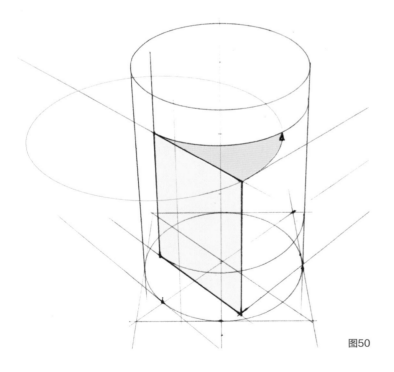

图50

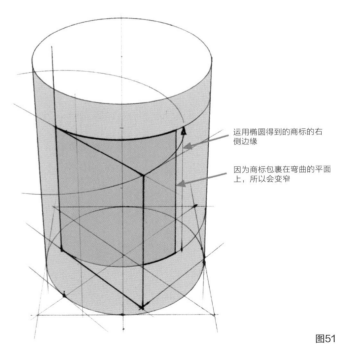

运用椭圆得到的商标的右侧边缘

因为商标包裹在弯曲的平面上,所以会变窄

图51

第三步,图50:试着预测一下包裹商标。首先可以围绕圆柱体的接触边将其旋转。运用椭圆形,该椭圆的短轴位于商标左侧的边。再将其长透视缩短,接近于正确的区域。

第四步,图51:如果商标是嵌于一个平坦的表面上,椭圆透视缩短的做法是完全可行的,但这里是一个曲面,商标包裹于弯曲的平面上,所以它会变得更窄,无法到达运用椭圆产生的线条。只能猜测其最佳位置,相应调整其边缘。

6.10 表面细节和雕塑造型

本书中每节课都基于对前面的练习有一定掌握度的基础上进行，这就意味着每一步我们都假定在进入下一个结构之前已经具备了一定的能力。在学习本书的过程中，你是否会因绘画能力进步缓慢而感到沮丧？绘画能力没有捷径，只能慢下来，学习下一节之前，掌握好前面的课程。

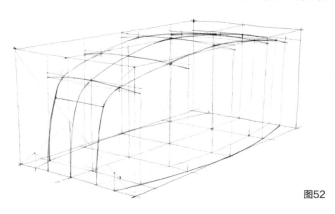

图52

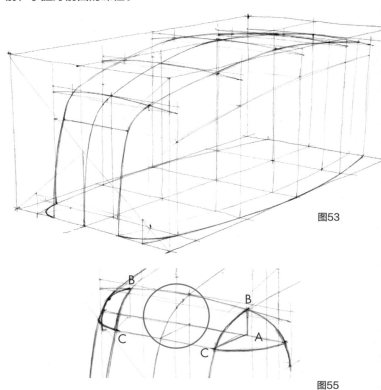

图53

第一步，图52：先画一个基本的双曲线结合体，其顶视图在地面上的位置稍微宽一些。

第二步，图53：连接前面的地平线和两侧外部的顶视线，两侧界面对称。在图形的一侧画一条X面的切线，作为参考线。

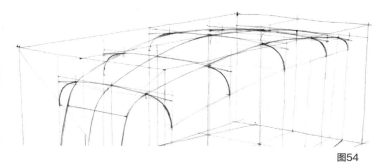

图54

第三步，图54：运用第二步的参考线，通过半径调整X面，并将其映射至较远的一侧。

图55

第四步，图55：要在该形状的上前角添加一个凹槽，首先要在中线上画出凹槽的侧视图（红色圆圈内）。要将这个凹槽向左右转移并与该形状表面相交，需要从C点开始，投射到凹槽的底部，产生红色的界面线条。要画出确定凹槽内部各个角的蓝色线条，需要向另一侧投射A线条，直至左消失点。然后从B点开始向下在两侧分别画一条竖直线，与A线条相交，连接这些交点并向前延伸至C点。

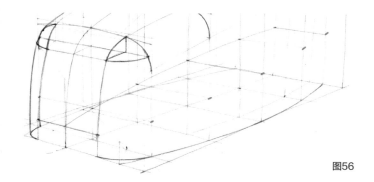

图56

第五步，图56：在中线所在的Y轴面上画一条曲线（红色线条），将其向该形状的两侧投射。产生垂直于X面的线条。由此产生的参考点可以用来画最终的曲线。

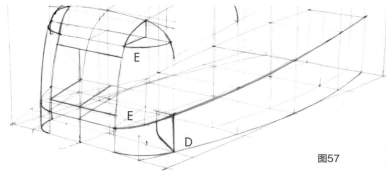

图57

第六步，图57：通过参考点，画出最终的轮廓曲线（蓝色线条）。同样，我们可以在平面上做更多的变化，可以通过从D点开始确定一个新的X面，在表面挖一个洞，也可以通过确定一个开口的顶端和底端（红色线条E），然后调整中线截面（绿色线条），将前方的面向后移动。

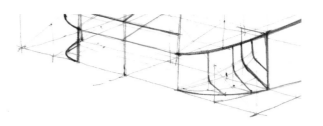

图58

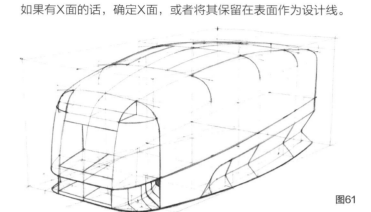

图59

第七步，图58：要确定凹槽细节的表面，从地平面上画出新的弯曲竖直平面的顶视图，然后将新的X面向左消失点切割成片。从该形状的前角向先画的X面画一个成角的片（淡蓝色线条）。然后画新的截面线条（红色），并将其中一条线向较远的一侧映射，看看是否可以看到。

第八步，图59：反过来也可以，在平面上任意画一条线，然后，如果有X面的话，确定X面，或者将其保留在表面作为设计线。

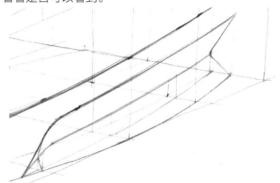

图60

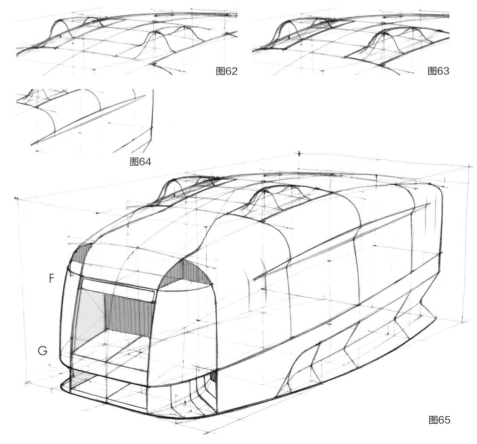

图61

第九步，图60：平面上的这条设计线可以作为过渡性形状转移的开端，所需要的只是几个X面。在这个例子中，先画红色线条，然后在前面和后面各画一个蓝色的面，完成其顶视图。接下来，将紫色线条向下投射至地平面。在第十步中，通过这条线添加了三个面（红色）。

第十步，图61：在前面的下半部分添加一个新的洞（红色轮廓）。下面添加的绿色线条用来标明向该形状转移的新平面的底端。同样，在该形状上添加的两个区域就确定了，见其顶部（橘黄色线条）。

第十一步，图62：画一条中线，每个形状上各画两个X面，可以在较大的表面上创建另外两个形状。运用指向左消失点的透视指导网格将其画得对称一些。

图62

图63

第十二步，图63：画完截面后，在每个截面上添加轮廓。橘黄色的线条确定了添加在主面上的弯曲的片状图形。

图64

第十三步，图64：这里看到的红色线条可以画在表面上的任意位置。在添加X面并确定其是否代表了形状变化之前，它们都只是设计线。

第十四步，图65：红色的截面线条说明第十三步中的线条表明这一侧的表面有底切的一步。同样需要注意的是这里F点到G点运用了双线来表明前端开口处左侧有一个半圆。顶部的蓝色线条是设计线，对角连接较短的红色线条。最终回到中线，确保对称性。

图65

6.11 调整复杂体积的其他技巧

在透视中构建一个相同的图形往往有多种方法。随着时间的推移，你会找到最喜欢用的技巧。通过一系列的体积构建步骤，你会发现哪些物体是比较好画的，但无论画什么都不是只有一种方法。多加练习，钻研正在尝试的体积，试着用不同的方法画。接下来将讲解画复杂体积的其他技巧。

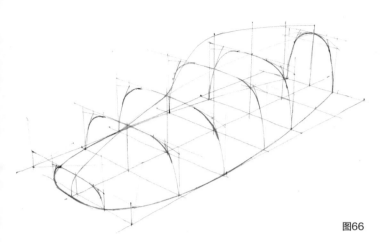

图66

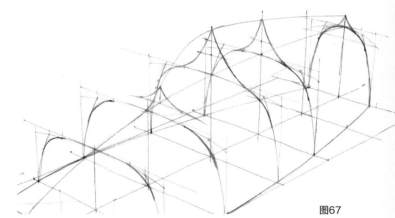

图67

图66：这个体积已经基本画好了，剩下的只是调整该体积下半部分的X面，使其延展至该体积后半部分的中线。注意画两条曲线（橘黄色线条），然后用一条较短的弧线（蓝色线条）将其弯曲，X面就会画得更加精确。有时很难控制一条截面线条的弯曲精确度，所以将其分割成一些线段，然后再结合在一起，可以提高精确度。

图67：体积后面的四个截面都已经调整为与中线一样高（橘黄色线条）。注意原始的X面的线条一直画到穿过该图形，添加的橘黄色截面线位于这些确定体积下半部分的截面之上。淡蓝色线条表明了这些新的"倒V字"截面的相切点。运用更长的构图和参考指导网格，确定更小的界面的开始点和结束点。

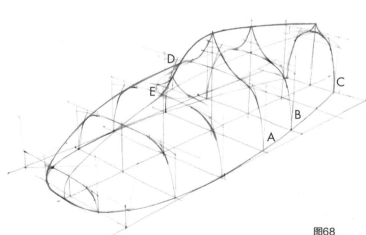

图68

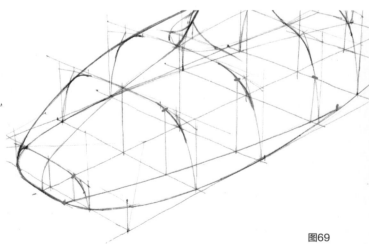

图69

图68：要画这个体积的轮廓，将X截面（A、B和C）一直画到该体积的另一侧。从该体积左侧与截面相切的轮廓线开始画，围绕该图形一直画到右侧。当轮廓线到达中线D点，不要将其向中线弯曲，而应继续向中线后面画，与A、B和C面相切。对于沿着中线从体积顶端延长下来的轮廓线，使其穿过轮廓的第一部分，直至其在E点消失。在这里，我们看到所有的截面线，即轮廓线都消失了。这是一个典型的两个图形叠加在同一个体积上。截面线条表明轮廓线沿着中线向下延长时在何处停止。

图69：用Z面上的一条线（红色）将图形切割。与前面一样，在每个X面上将这条线向上投射，找到切割曲线的参考点。

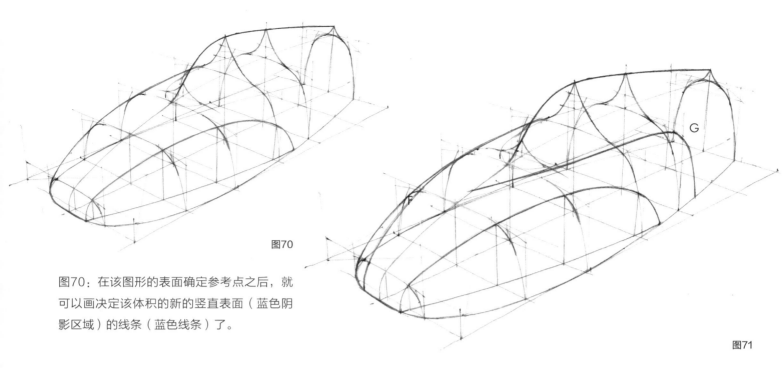

图70

图70：在该图形的表面确定参考点之后，就可以画决定该体积的新的竖直表面（蓝色阴影区域）的线条（蓝色线条）了。

图71

图71：将这条线从该体积较近的一侧映射至较远的一侧（红色线F）。要在表面得到一条不需要先从一个平面进行投射的线条，只需要在表面上任意位置画一条线（红色线G）。记住手绘

透视线条时，这条线的正交视图可能不会画成预想的那样。这很容易让我们认为这条线在其他视角中也是这样的，也就是说很难做出正确的猜测。

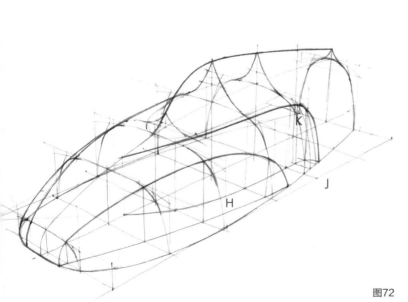

图72

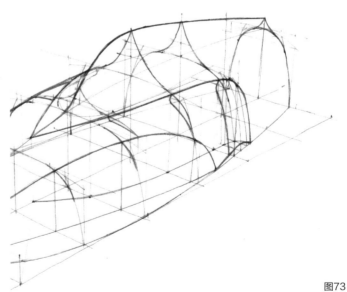

图73

图72：找到在表面手绘的线条的顶视图，这需要将其向地平面投射，穿过每个X面，连接这些交点，产生线条H（蓝色线条）。注意这条线从其余K界面的交点开始到其尾端J点直至最终在Z面结束，有个非常严重的弯曲。可以按照需求添加多个X面，提高估算曲线的准确度。

图73：顶视图中的粗线条并不意味这线条本身画错了，只是如果这条线在顶视图中不应看起来是这样的，那么就需要调整一下了。要提高一点难度的话，应通过移除每个截面上的蓝色阴影部分体积来调整截面（红色线条）。这样，较远的一侧的轮廓线就稍微不同了。

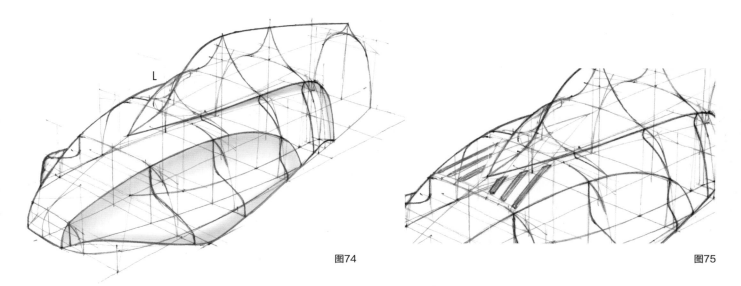

图74

图75

图74：注意调整后的轮廓线L。在此之前，只需担心两个图形的叠加，而现在则是三个图形的叠加。在这里可以用最粗的线条画真正的轮廓线，然后用稍细、颜色稍浅的线条画叠加的位置。同样，注意已经调整了Z面的顶视图，画了新的X面，将图形的左右进行了延展。

图75：在表面添加细节时可以在较近的一侧手绘几条对角线，然后将其映射至较远的一侧，反之亦然。这里可以延长每个对角的中线，直至其与原图形的中线相交。注意这些延长线并不包含由倒V截面确定的凸起的表面。

利用临时构图面相交的体积

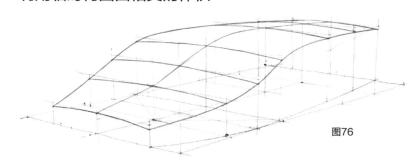

图76

第一步，图76：从一个简单的双曲线结合体开始，这个双曲线结合体上有一个稍微凸起的曲面。

第二步，图77：目标是向表面上投射一个泪滴形状，这个形状位于其中线上。为此，可以在能将其看清楚的地方画出需要投射的形状，这样画起来会更简单。在这个例子中，在地平面上画透视形状有些难度，因为它被透视缩短了。解决方法是继续向下延展透视网格，形成一个临时的构图面Z面。这样画这个形状就简单一些了，因为这个新的面透视缩短程度小一些。

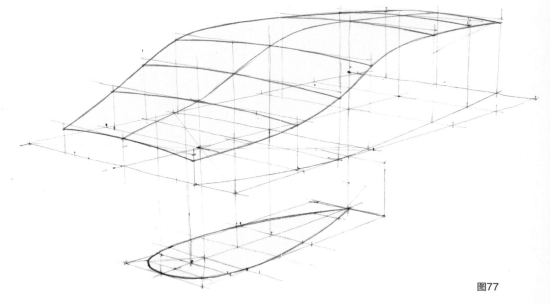

图77

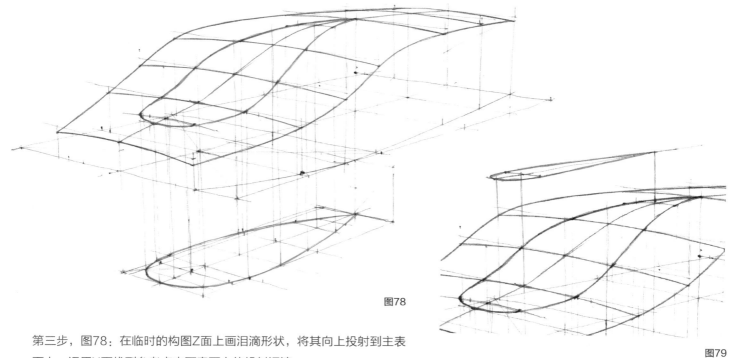

图78

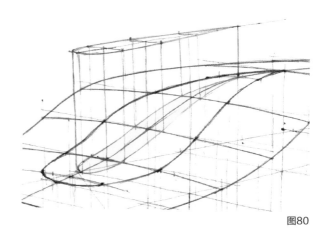

图79

第三步，图78：在临时的构图Z面上画泪滴形状，将其向上投射到主表面上。运用X面找到参考点来画表面上的投射泪滴。

第四步，图79：将一个较小的相似的形状浮于主表面中线的正上方，然后将其向下投射，从投射中线开始 。

第五步，图80：转移X面的宽，在表面画出投射图。

第六步，图81：第一个泪滴可能只是表面上的一个图像，但现在让我们将这个小一些的泪滴立体化，用一个片状图将其弯曲至主表面。画主表面片状图的切线，将片状截面（红色线条）添加至该形状，将这个较小图形的轮廓颜色加深，其叠加在较大的表面之上。小图形向大图形弯曲，轮廓线随之消失。

图80

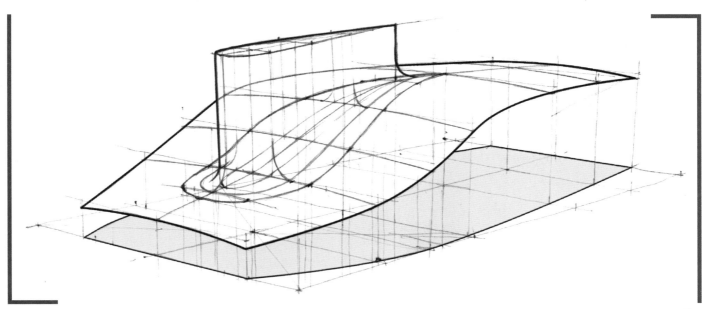

图81

6.12 轮廓线、叠加和线宽

运用了截面绘画的所有技巧之后，物体通常看起来如下图中的汽车一样。对于喜欢参考线的建模师来说，这是一幅很棒的画，但对于其他人来说往往会感觉困惑。只有用不同的线宽强调该形状的叠加层次，整个物体才容易理解。

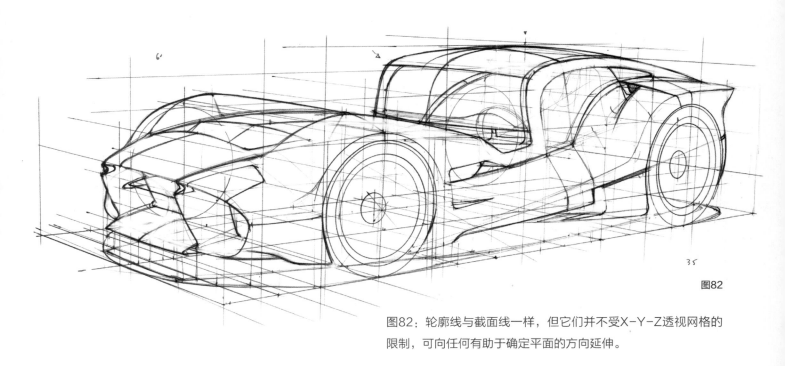

图82：轮廓线与截面线一样，但它们并不受X-Y-Z透视网格的限制，可向任何有助于确定平面的方向延伸。

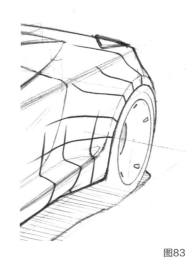

图83

图84

图83：经过汽车后侧面的轮廓线含有两个概念。首先，门槛条上的三条轮廓线与圆角呈几乎90°的辐射状，将门槛条与车身侧面弯曲相连结。这些线通常极轻地画在形状表面，但在这里，强调它们使得概念更加清晰。

图84：主透视工作完成后，轮廓线可以真正给速写带来生气。人们欣赏绘画作品时，眼睛往往先被对比强烈的点所吸引，因此要好好利用这一点。在观察者先看到的地方提高对比度，加宽线条，让速写更具吸引力。这将自然而然地成为焦点，所以一定要让轮廓增加的比重与速写的视觉信息相吻合。在这个例子中，最重要的元素是中间建筑的整体轮廓和前景中通向建筑物的大型管道，因此这些形状线条颜色最深，而背景线条颜色最浅。

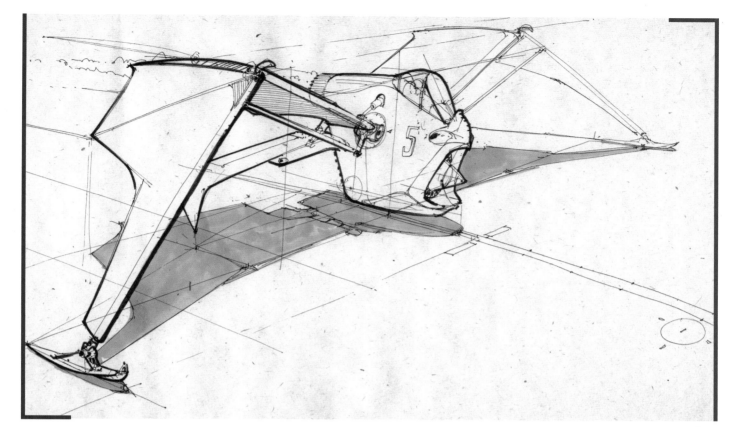

图85

图86

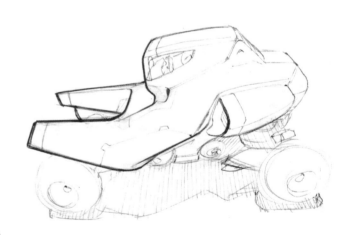

图87

图85：在这里，线宽和同一个物体内的图形叠加都走向了极端。当一条线与另一条线交叠时，叠加前景线条比后景线条的颜色深，因为较远一侧的机翼是前景机翼的映射图像，它相对静止，线宽变化并不多。一幅图中线宽的戏剧性变化被称为"晕化"，意为简单描述或向背景消退。较远一侧的机翼就运用了晕化概念。

图86：这幅速写运用了两种表达方式：透视和环境遮挡。简言之，透视即同等大小的物体，离我们较远的看起来更小；环境遮挡，即当物体相互交叠时，被交叠的物体更远。为了强化这些视觉线索，增加线宽来叠加图形更加明显。画面远处也运用该技巧，同时降低线条整体的值和比例，让速写的透视感更强。

图87：改变线宽和晕化的另一个例子。注意观察增加线宽可以如何辅助图形叠加。

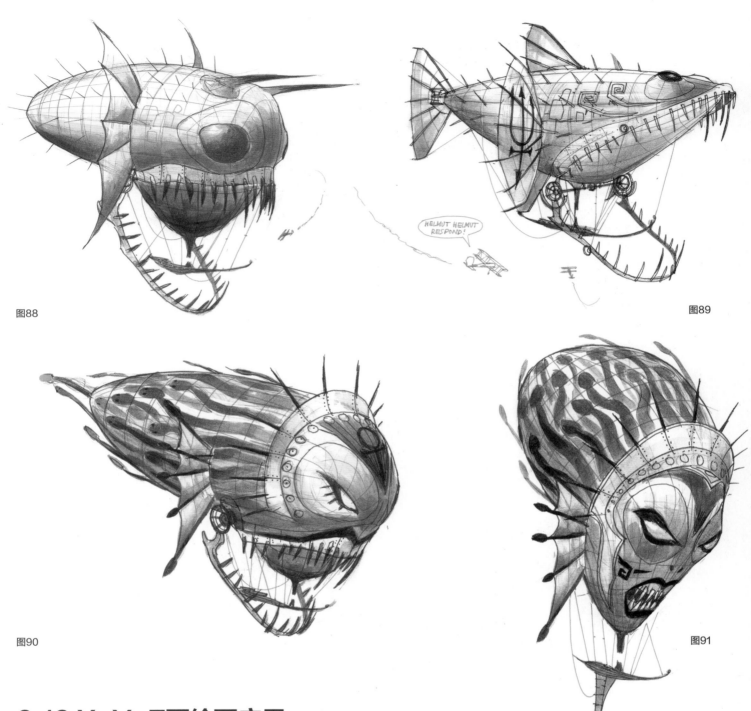

图88

图89

HELMUT HELMUT
RESPOND!

图90

图91

6.13 X-Y-Z面绘画应用

这些飞艇概念图的作者是我们以前的学生罗伊·桑图尔，它们是借助 X-Y-Z 面线条画复杂物体透视图的很好的例子。他使用的截面线条和构图技巧显而易见。通过运用扎实的基础技巧绘制图形，可以准确地对图片上的花纹、结构接缝及缠绕至物体另一侧的长钉等细节进行透视缩短。基础体积都是先画截面，图中的大部分细节都是一系列双曲线结合体。

作者：罗伊·桑图尔

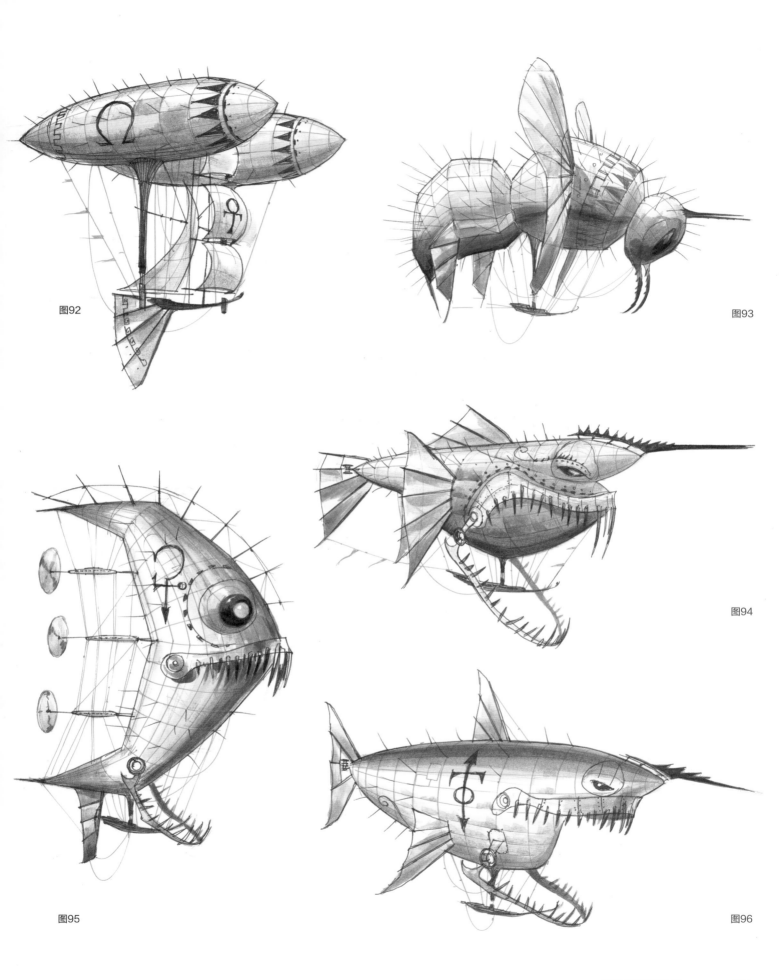

图92

图93

图94

图95

图96

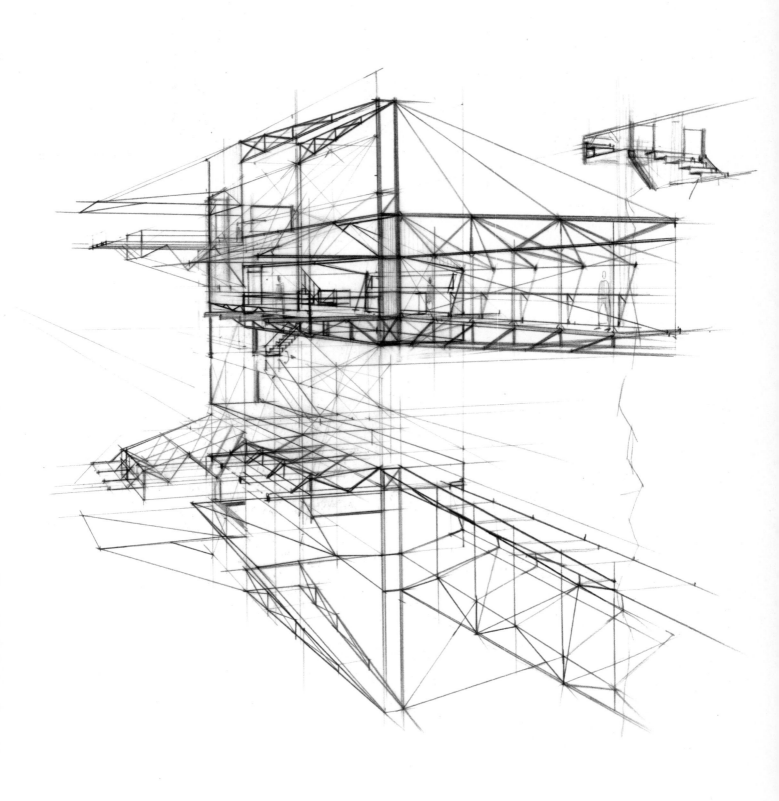

第7章　画环境

无论出于何种目的，画内部和外部环境的能力都是需要培养的一个重要技能。根据想象绘画时，通常来说最好是从一个想法开始。这个想法可以来自于你读过或写过的故事，或在构思或绘制之前需要视觉化的一个项目，例如，为一间房屋重新建模。

透视网格是最基本的，也是不可或缺的，一旦有了透视网格和构图的想法，绘画的下一个难题就是设计了。如果你的图形和美学主题库足够丰富，这就简单多了。例如，艺术中心设计学院休闲设计专业的学生需要花十四周的时间专门构建建筑外观主题的视觉库。每隔一周会引入两个新的建筑题材（例如希腊式、哥特式），讲师会通过幻灯片进行讲解。接下来的两周将用来画这些题材的想象画，其中会有一些幻想的元素，但这些美学题材不会就这样结束。这种两周的任务形式会持续整个学期，而唯一的目的便是丰富学生的视觉库。具体是怎样做的呢？首先，需要画既定主题的例子。这些练习可以帮助学生了解如果绘画结构要符合

某个时期或看起来受这个时期建筑的影响，那么在设计中需要融入哪些元素。之后，学生会将多种题材混合在一起或将原始想法融合在一起。这里的重点是当学生开始在透视中画一些生动有趣的幻想环境时，他们已经具备了丰富的想象力。这也没有捷径，想要丰富视觉库需要充足的调研时间和思考。每画一笔都是经过深思熟虑的，这样最初的环境素描才会更加生动有趣。

人类理解环境时需要同时调动多条视觉线。其中最容易画出来的是直线透视（前景和背景的大小相对不同）、环境遮挡（物体相互交叠）及大气透视（物体距离观察较远时，对比度较低，因为受观察者和物体之间的空气的影响）。玛格丽特·S.利文斯顿的《视觉和艺术：视觉生物学》对这个话题进行了深入的探讨。其他关于构图的推荐书籍包括马科斯·马特-梅斯特的《画框内的油墨：视觉说书人的绘画和构思》、亨利·兰金·普尔的《绘画构图》和埃德加·佩恩的《户外绘画构图》。

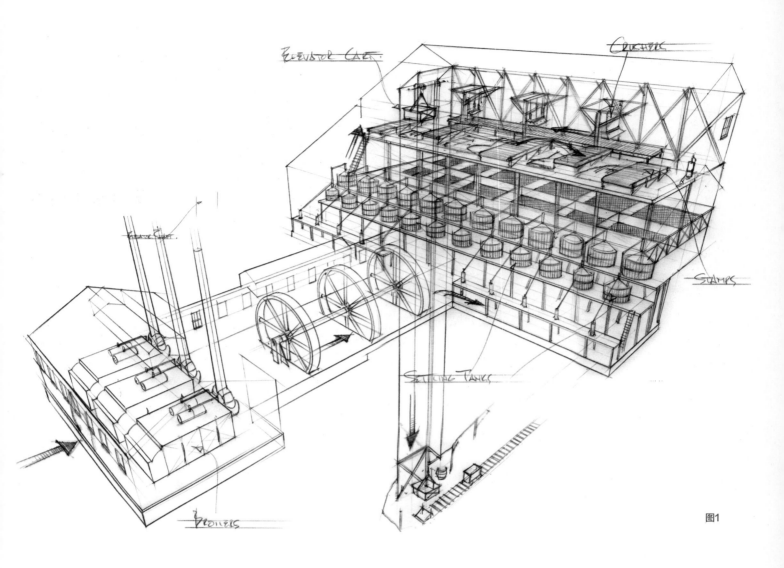

图1是一幅关于虚构电子游戏的环境绘画，作者为我们艺术中心往届的学生大卫·霍宾斯。注意周围结构与环境的关系，这里画的是一座金矿建筑。外部建筑笔墨很轻，这种环境绘画是一种很好的规划场地方式，可以用来与团队其他成员沟通环境中的游戏路径、需要添加的设计细节，以及放置在环境中的游戏资产。

大卫选择的视角可以用一幅画阐述很多信息，将其3D透视绘画知识的效果发挥到了极致。单独看看其中的每一个元素，想想它们是怎样画的，你就可以画同等难度的画了。通过铺垫透视缩短基础结构，运用消失点和透视指导网格，就可以画这种画了。

作者：大卫·霍宾斯

图2

图2的细节是由我们往届的学生托姆·泰纳利完成的。他运用了几个简单的明暗关系来勾画图中的形状。托姆运用了本章引言中的三个方法：直线透视、环境遮挡及大气透视。即使在画环境时只用了线条，但通过根据大气透视改变线宽，就呈现出这样的效果了。

试想托姆的画如果没有建筑的细节会是什么样。我们看到他只是重复地画了几个基本的带有三角屋顶的盒子，添加了几个竖直的墙面。没有这些明暗关系和细节，这幅画就没有这么引人入胜。完善细节是使绘画更加成功的重要一步，只有花时间丰富你的视觉库，才能够培养完善绘画细节的能力。这幅图的构图非常有创意，通过使用前景中黑色的框架结构，托姆让观察者从昏暗的小巷向外看。前景颜色较深，中间的焦点放在人物上，背景为阁楼和塔楼，画面深度较高。托姆的透视网格也很特别，并不是所有的建筑都在这个简单的网格中设置为90°角，而是相互之间稍微旋转，让景观拥有更动态的角度。最后，注意添加投影的优点。

作者：托姆·泰纳利

7.1 照片底衬

图3

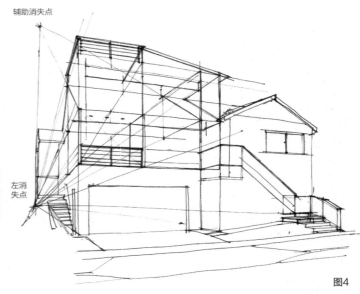

辅助消失点

左消
失点

图4

快速构建透视网格的一个好方法是将照片用作底衬。所有这些素描都用了类似这张照片的底衬。只需打印一张照片，然后将其放到一摞描图纸中。如图4所示，找到消失点，添加更多的透视指导线条。对房子上的参考直线进行透视直至相交，找到房子主体

的左消失点。两条参考线就可以找到消失点，确定消失点的位置后，从消失点开始，在整个画面中添加更多的指导线条。右消失点在页面之外，但通过指导线也可以做比较准确的猜测。

图5

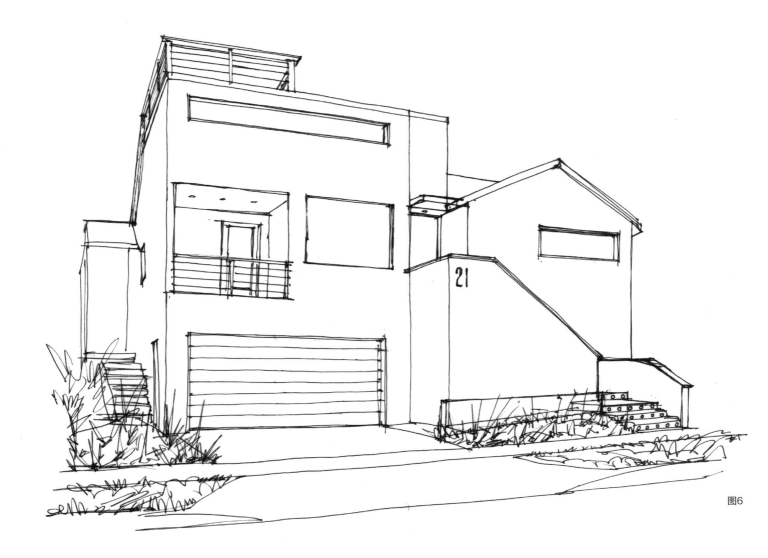

图6

图7

注意，找到左消失点后，从左消失点开始画一条竖直线，确定三角屋顶的倾斜面的辅助消失点。底衬上延伸的辅助线条画好后，就可以从结构图下面拿走打印的照片了。在尝试设计想法时可以将照片放在附近作为参考。这两页上所有的素描都是用超细圆珠笔画在描图纸上的。想要快速地探索想法的可行性，用一支不可擦除的笔去画再好不过了。

7.2 平面规划

房屋重新建模已经结束，现在可以从零开始设计建筑了。设计一间后院的工作室怎么样？画简单的带有斜面屋顶的盒子的透视原理同样适用于构建工作室。如果提高工作室的高度，它就可以变成一座高楼。添加其他建筑，便是一座城市。

这两页是后院独立工作室的设计图。运用目前学到的基本透视技巧，先大概画一个透视立方体，然后运用透视缩短技巧复制立方体，并将其作为测算工具，更加精确地估算工作室的比例。在画透视图（图9）的时候，可以参考估量图（图8）。

掌握透视绘画的基本知识后，你想象中的任何内容都可以呈现在纸上。勤加练习，你绘画的限度便是你的想象力。世界在发展，想象永无止境，你可以通过想象探索任何事情，然后很方便地将其画在纸上。因此，画环境十分有趣。

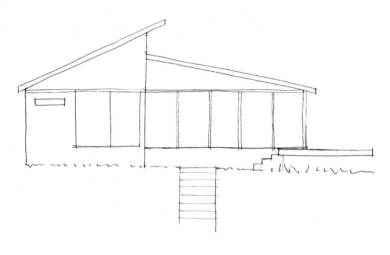

图8

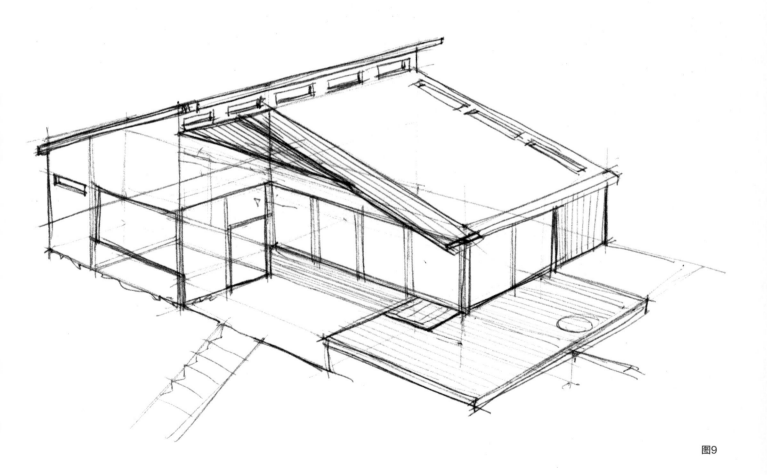

图9

只需一个素描本和一个卷尺，你就可以表现任何环境，简单测量后，就可以快速画几笔，然后坐下来，重新绘画，将前面的寥寥几笔画成如下图所示的素描（图10）。在画工作室时，视角比图9中提高了一些。提高视角时，从两点透视转为三点透视就变得很重要了。如果停留于两点透视，肉眼看这幅图时就会感觉不自然。看看一些建筑等距图，它们没有透视相交，体会一下其中不自然的透视感。要调整一幅类似的图，只需要绘制一幅新的、更加精致的展示图片，叠加其上进行修改即可。

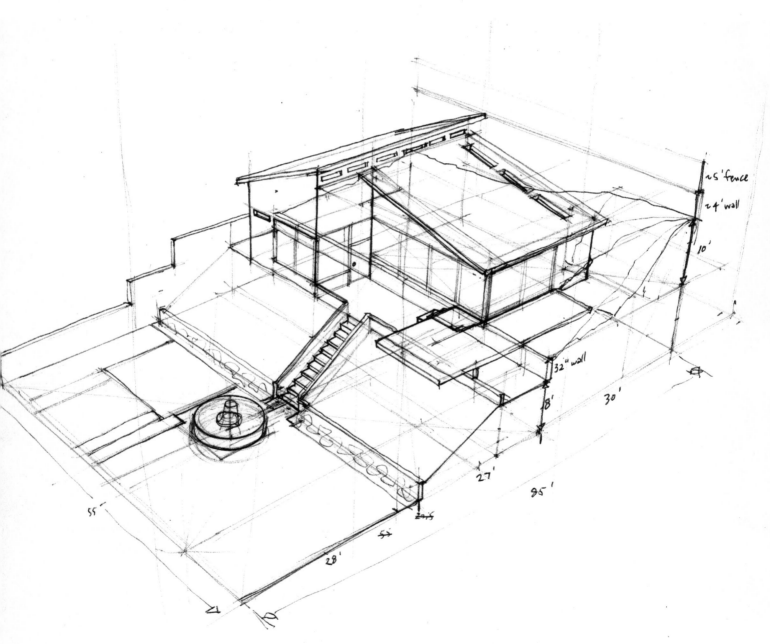

图10

7.3 缩略草图

适当运用明暗对比可以使环境绘画更加自然。这是因为理解深度的最好方法之一便是大气透视。这张照片是阿尔卡特拉兹岛的旧金山湾以及马林县的山丘，可以从中看出对比值的变化，反差最强（最亮和最暗值）的地点是前景。随着距离推远，大气增加，这些明暗对比也逐渐变小。绘画中需要为环境添加深度时，也可以简单地适当运用这个技巧。看一看这些缩略草图中明暗的对比，注意它们是怎样使画面更逼真的。

图11

图12

图13

图14

图15

图16

图17

图18

图19

图20

图21

图22

图23

图24

图25

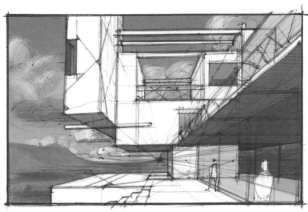

图26

图27

图26和图27：要画一幅合理的缩略草图，基本的步骤非常简单。首先，画一条水平线，根据需要添加消失点。接下来，添加多条辐射指导线条。然后，将各个元素画在自己喜欢的维度上。最后，在X轴上添加想要的维度，添加人作为比例尺。如果需要人来协助测量建筑的比例，也可以先画人。在远处添加景观也是

按照某个值画建筑的一个好方法，云和山的形状可以与建筑的直线形状形成对比。上面两幅外部单点透视图都是用圆珠笔画的，然后用Photoshop适当添加了一些明暗对比，使结构轮廓更加清晰。

图28

图29

图28：水上奇石异形的线条都只能依靠环境遮挡和透视。前景轮廓的线条颜色画得很深，强调一组石头与另一组石头的遮挡关系。即使这些形状都是轻柔细腻的，没有直线在水平线相交，只要根据透视缩短的距离，对石头的相对大小进行调整，就会产生很强烈的透视感。

图29：这幅素描中，景观与上图相似，但其中根本没有使用线条。然而明暗对比的变化强化了大气透视。在这里，每一块石头的明暗变化反映出了其与另一块石头的遮挡关系，而其透视效果与线性绘画一样。因为在现实中，物体周围就没有直线，因此不含任何直线的值，素描就看起来更加真实、更加自然。

7.4 先用淡蓝色笔勾勒，然后墨水加描

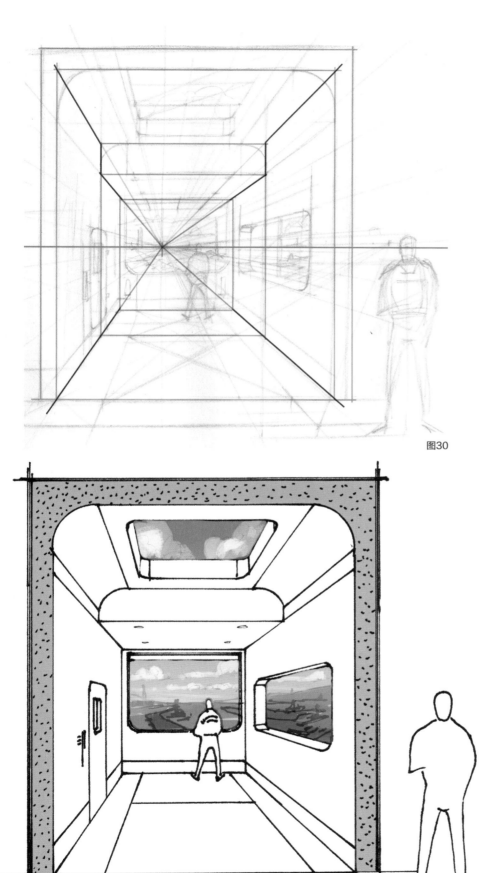

图30

图31

构建概念的一个常用方法便是先用淡蓝色笔画出草图，然后用墨水再次描画，完成绘画。在图30中，透视结构是个非常简单的单点透视布局。红色的水平线直直穿过人的头部，这意味着观察者的"视平线"与图中站立的人一样高。另一条红色线条是房间的横截面，黑色线条将这些截面的角与消失点连接在一起。

图31画的是一个房间，从观察者站立的主结构开始向外延展。灰色的截面是该房间与主结构的连接处。为了实现站在高楼之中并向外看远处风景的效果，使窗户外的风景看起来与建筑的底部连接在一起，远远低于观察者的站位。如果房间位于地平线上，窗外的地平线将与房间的地面高度一致。试想一下如果画窗户外的田野、树木和建筑，则需要更低的视角。这取决于你的想法，因为即使消失点和水平线一致，通过露出一些地面，你也可以将房间提升至空中，或者可以让其直接坐落在地面上。为窗外的风景和界面添加一些明暗关系，可以更好地了解这个房间。注意房顶低处嵌入房屋的末端。只需大概画出几个截面就可以大大改变其中的形状。

这幅图（图31）画在马克纸上，黑色的墨水来自三福极细圆珠笔，这支笔出墨较多，与纸张不大搭配。最好是事先试试你想要用的工具，决定其是否合适，在正式绘画前可以确定达到理想效果。对用墨水加描过的图扫描之后，对高度进行调整，大多数原始的淡蓝色线条就都去掉了。

7.5 科幻小说环境步骤解析

第一步，图32：一种常用的技巧是使用一支饱和度低的马克笔，如用Copic N-0来创建简单的单点透视网格，然后在上面轻轻地画出建筑形状。添加更多的明暗关系，使画面看起来更加真实，因为这就是人们看到的世界的样子，明暗关系的变化产生了边界，这些边被画成直线。

第二步，图33：对设计方向和画面比较满意后，就要在上面添加线条了。在真实的世界中，物体周围没有线条，但肉眼可以理解这种素描方法。这个基础的场景很容易理解，但因为这里使用的笔为纯黑色，并且线宽不可改动，所以没有大气透视。要解决这个问题，可以用一支钢笔或铅笔改变每条线的线宽，回过头去，将前景中的物体轮廓加粗，或将这幅画放在Photoshop中，添加大气，降低最远处线条的对比度。

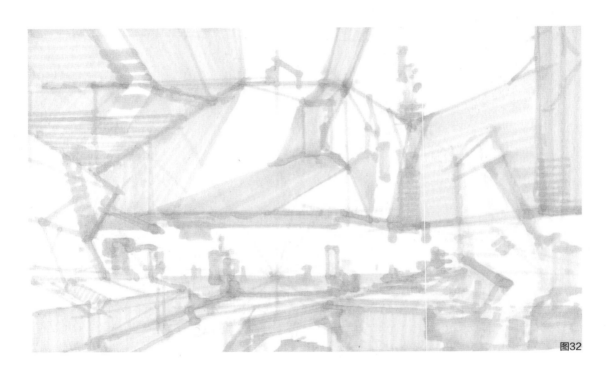

图32

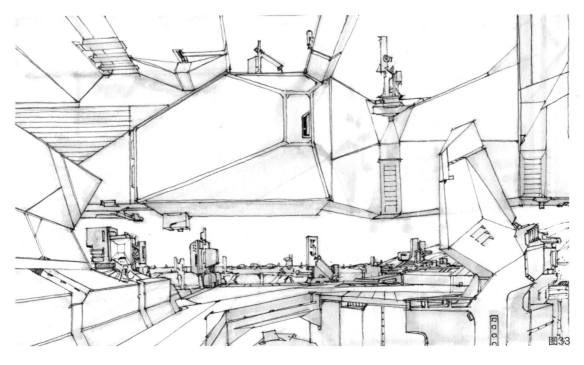

图33

第三步，图34：在线条中添加更多的明暗关系，形成大气深度。即使最初的绘画线条依然存在，这也是个让人感到环境更加真实的好方法。这一步可以用Photoshop解决。注意虽然前景线条对比度较高，但水平线上的线条颜色比较浅，这有助于增加大气的效果。

第四步，图35：这是一个实验，素描放在3D建模和绘图程序MODO中，运用一组不同的工具实现相同的效果。在这个程序中，只要光线设置恰当，明暗关系就会自动生成。传统工具版本（先完成绘画，再由Photoshop绘图）用时约两小时，MODO版本用时只是稍微长一些。随着3D建模日益简单，其成为工作流程中的一种可选项。后面的章节将对此进行进一步的讨论。

图34

图35

7.6 用广角镜头包裹网格

以下照片都是用180°鱼眼镜头拍摄的。这意味着镜头正左、正右、正上、正下及正前方的物体都呈现在照片上了。图36英国出租车的内景没有被切短，而且可以看到镜头的圆圈（其他三张照片都被切短了）。这个镜头将视锥角增加至180°，因此观察者可以将尽可能多的周围环境尽收眼底。图中只有一个消失点，位于图形的中间位置，即镜头指向的位置，任何一条在这个消失点交汇的平行线都不会弯曲，与正常的透视结构中一样。下一页面是一些随意的环境素描，用于模仿这个包裹的鱼眼镜头透视网格。

记住，任何一张照片都可以被描摹，创建同样感觉的网格，或者可以通过猜测它们的样子画出网格。下一页将讲解如何通过想象画透视网格。

右侧线条上添加的值是通过Photoshop解决的。这些值无法决定盒子形状，只能决定结构轮廓。部分下表面被加黑，除此之外，值的应用添加了一些大气透视效果，使线性绘画更容易理解。

图36

图37

图38

图39

视频讲解

图40

图41

图42

图43

图44

图45

图46

7.7 户外环境素描，步骤解析

图47 图48 图49

第一步，图47：用一支浅色马克笔画图片框架和水平线。几条单点透视指导线延长至前景，确定地平面。第一步要考虑的最重要的一点是水平线放在哪里。这幅素描运用的是"三分法"的构图观点，将水平线置于画面下面三分之一处。将水平线置于画面正中往往会让人觉得构图死板。

第二步，图48：左侧和底部边缘的小记号将框架横竖一分为三。远处添加了山丘的形状，就像随意画了一片陆地向观察者方向延展。

第三步，图49：中间添加了一座较大的建筑。画这些建筑形状的简图时，焦点应该在构图上，而不是在保证透视完全正确上。接下来才是透视的正确性。

第四步，图50：因为这是一个很简单的单点透视，不需要构建太多对象，只需要水平线上的一个消失点来增加建筑体积。这一阶段的线性绘画是基于马克笔的构图，使用的是0.25百乐高科技笔和博登&莱利100s马克纸。

第五步，图51：接下来，在景观中添加人物。因为地面相对平坦，只用了简单的量表结构透视转移来确保远处的人与前景中的人身高一致。有了参考消失点，这就简单多了，景观中结构的相对测量也因此更容易理解。添加消失点是测量景观中所有对象的最简单的方法。

第六步，图52：这是最终完成的环境素描，其中有蜿蜒的陆地，上面有几个建筑结构，两侧有水，远处有山，还有人作为测量标尺。这是素描的一对一复制。最后用0.5的百乐高科技笔来添加颜色更深的线宽，强调其中的大气透视及建筑物与山丘和天空的叠加关系。最后添加薄云或飞机轨迹等更加柔和的有机形状，与建筑物的几何形状形成对比。其被故意放置在较大的建筑物后面，以叠加另一元素，这也提高了空间深度感。

▶ 视频讲解

消失点

水平线

图53

水平线

消失点

图54

水平线

消失点

图55

识别周边环境潜在透视结构的能力非常重要，这有助于建立图像视觉库，在画环境时可以参考。看看以下三幅不同的环境图。第一眼看起来似乎是完全不同的画，但细心观察，其实都是同一种单点透视。无论是内景还是外观，使用的都是相同的构建技巧。例如，图53其实是为顶部搭建一个截面，然后运用自动透视缩短结构，反复浮雕图案。画环境时一定要耐心，因为很多时候反复添加细节可以使作品更真实有趣。

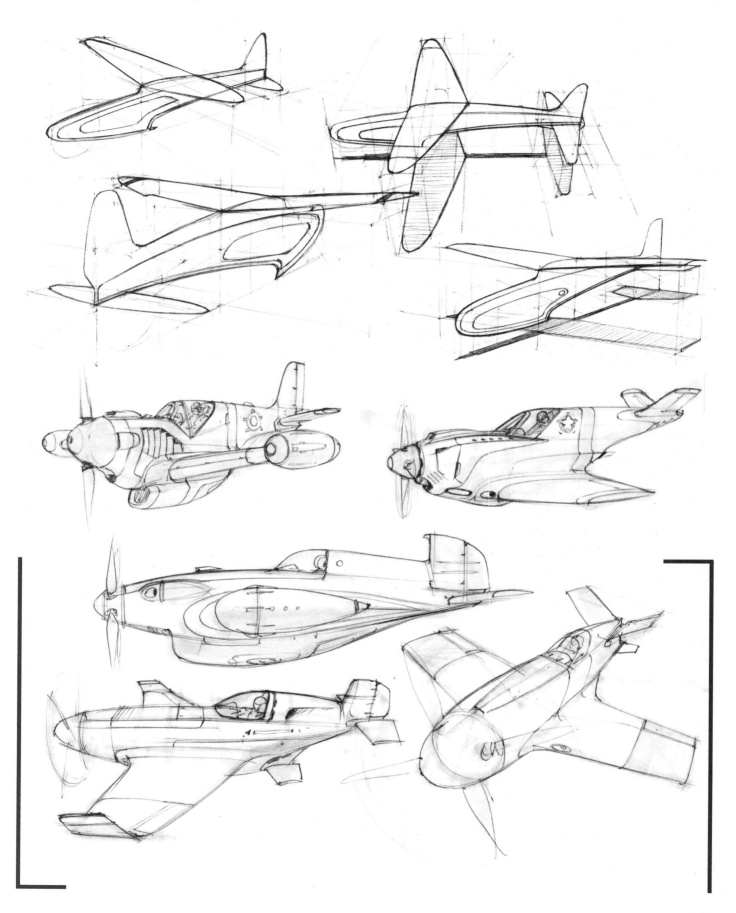

▶ 视频讲解

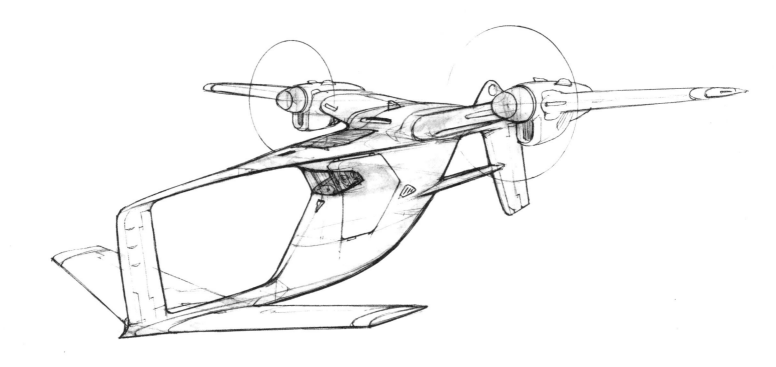

第8章　画飞机

本章将重点讲解画飞机时最常用和最好用的透视绘画技巧。如其他绘画技巧一样，核心的原则适用于任何物体的绘画，因为任何形状都可以通过X-Y-Z截面线条画出来。

当你试着想象任意一种新型车辆或其他功能性物体时，最好先做一个调研，看看这个物体在真实世界中是如何运转的。如果与说明图解相比，你对设计本身更感兴趣，那么对于事物如何运转的调研可能比事物的外观更重要。可以观看照片或参观飞机博物馆，通过观察画出一幅好的说明图解。但对于设计和通过想象画物体来说，就需要运用本书中所讲的透视绘画技巧了。

8.1 飞机解剖

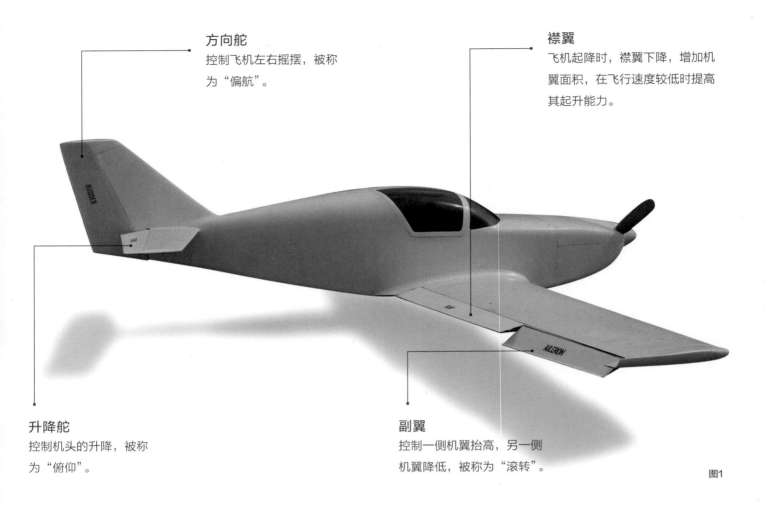

方向舵
控制飞机左右摇摆，被称
为"偏航"。

襟翼
飞机起降时，襟翼下降，增加机
翼面积，在飞行速度较低时提高
其起升能力。

升降舵
控制机头的升降，被称
为"俯仰"。

副翼
控制一侧机翼抬高，另一侧
机翼降低，被称为"滚转"。

图1

图2

图3

上一页介绍了飞机设计中最重要的几个控制面，注意这几点，效果才能更加真实。这张照片拍摄于奥克兰航空博物馆。想要在短时间内学习一个特定物体的知识，博物馆是个好去处。除阅读展览内容之外，还可以多拍摄几张照片。

这些图片在Photoshop中被用作拼贴层，以提高绘画作品的真实性。在设计以前没有设计过的物体时要经常考虑这种调研性的小旅行，哪怕为未来调研做准备也好。

图4

8.2 视觉研究

在画想象的物体之前,最好的方法是通过构建类似物体的比例模型,来学习关于这一物体的结构和功能的更多知识。这一步在提高绘画技巧方面经常会被忽视,因为其看起来可能有悖于直觉。但通过想象设计和绘画很像构建真实的模型,这一技巧对于获得实操知识非常有用,可以从中了解你画的是什么、所有的元素是如何构建整个物体的。

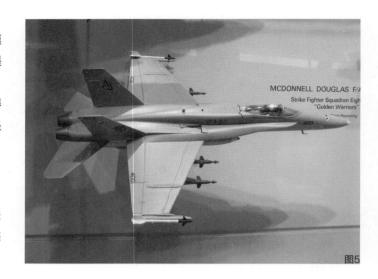

图5

这里是两个比例模型的例子。下一页是画飞机时可能用到的几张细节照片。虽然本章主题是飞机,但研究技巧也同样适用于你感兴趣的任何物体。

图6

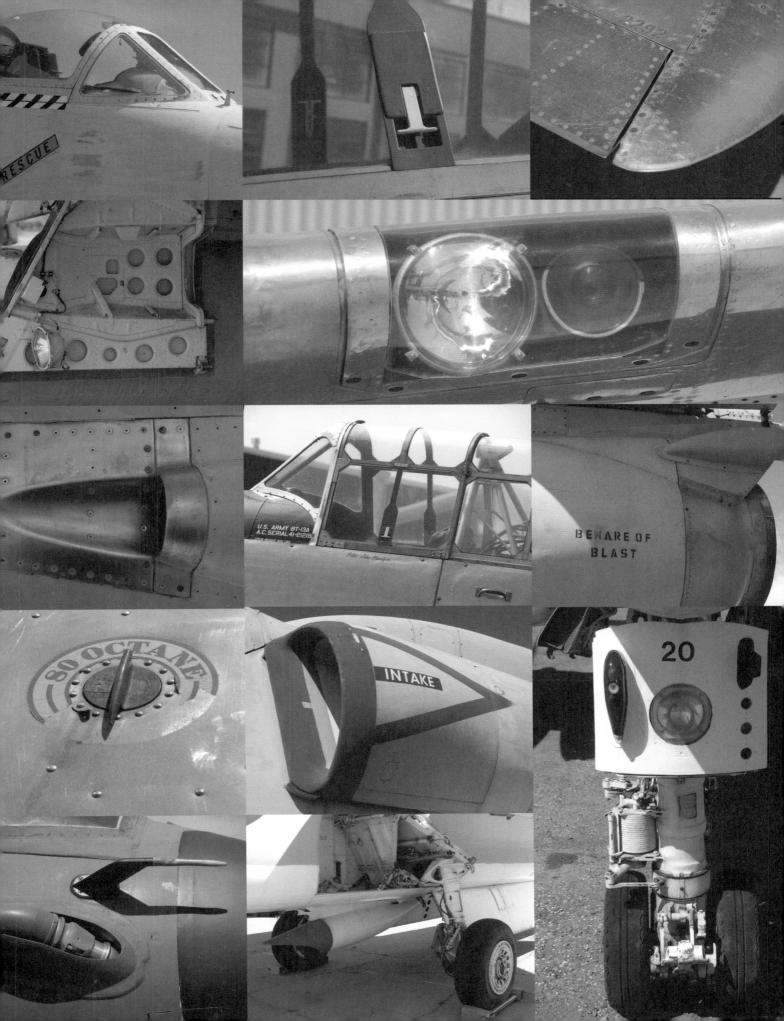

8.3 通过观察绘画

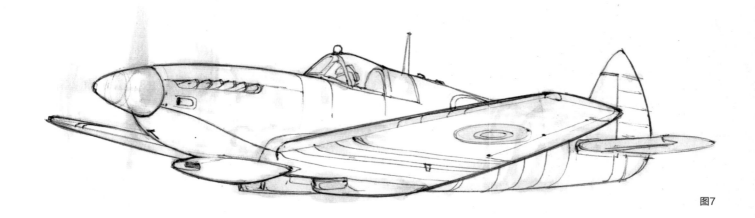

图7

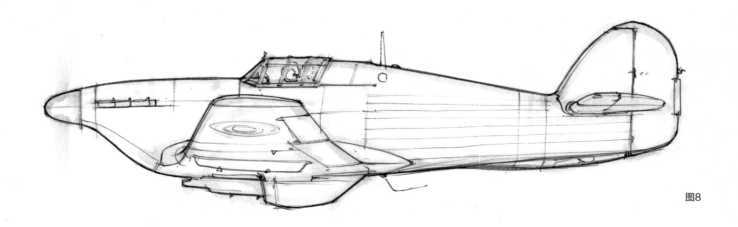

图8

除构建模型、参观博物馆、拍摄照片外，观察也非常有助于绘画。在观察物体时，将物体视为一个独特的二维图形，现在先忽略三维图形，也不要考虑"画穿"。观察比例、图样和功能剖析。当我们的学生接受观察绘画训练后，最终画出的作品非常漂亮，但要求他们画一个相同质量的虚构物体时，观察技巧（而不

是线条质量和细节）就不太会用了。将精力放在尽力弄懂这个物体上，完成几页这样的研究之后，随后完成的独特设计看起来可信度就更高了。多花一些时间在设计元素上，让实物看起来更加真实，这样你的视觉库也会很快随之充实起来。

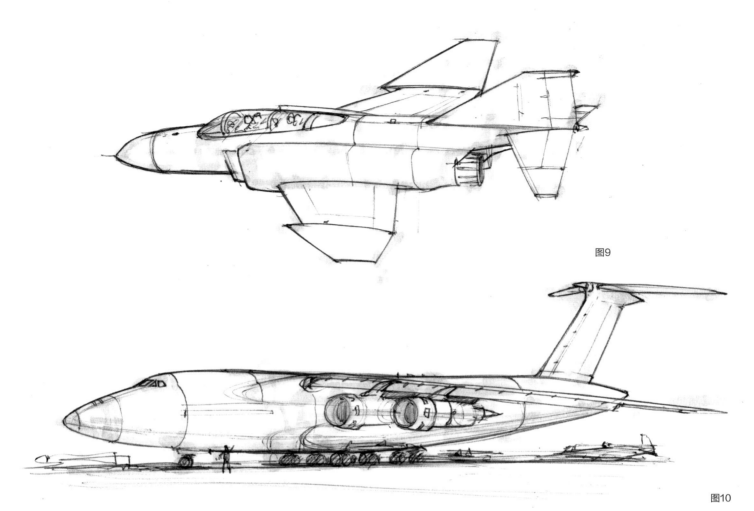

图9

图10

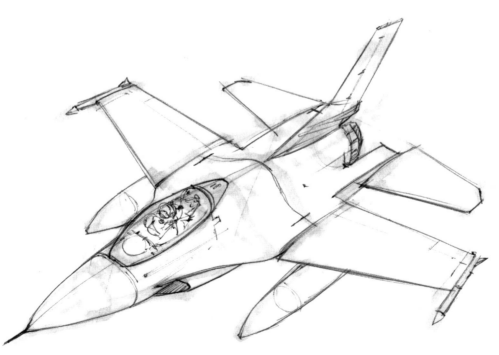

图11

8.4 概念草图

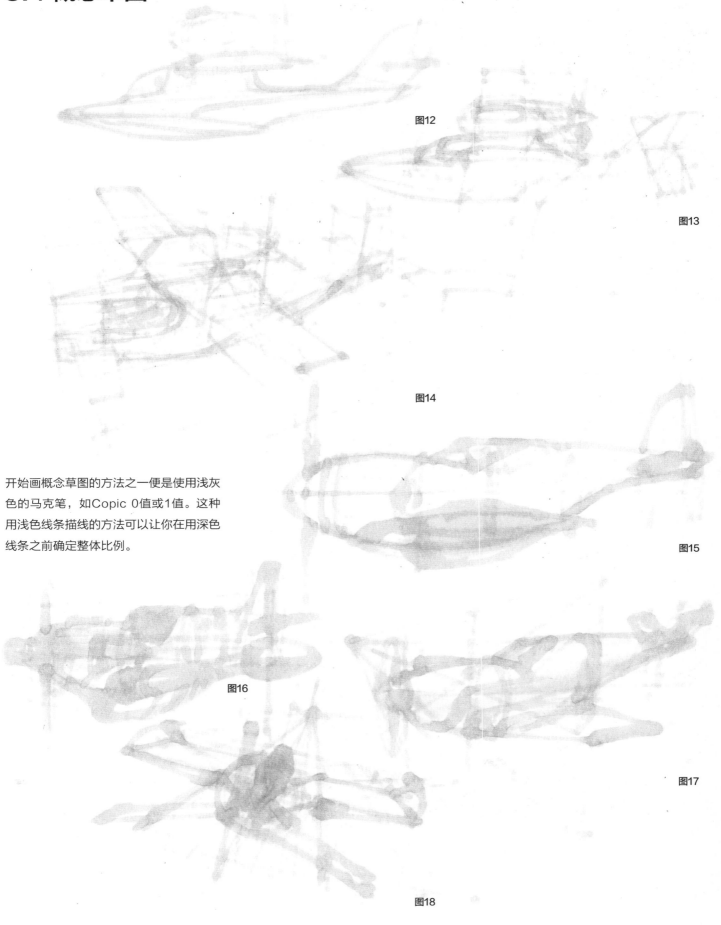

图12

图13

图14

开始画概念草图的方法之一便是使用浅灰色的马克笔，如Copic 0值或1值。这种用浅色线条描线的方法可以让你在用深色线条之前确定整体比例。

图15

图16

图17

图18

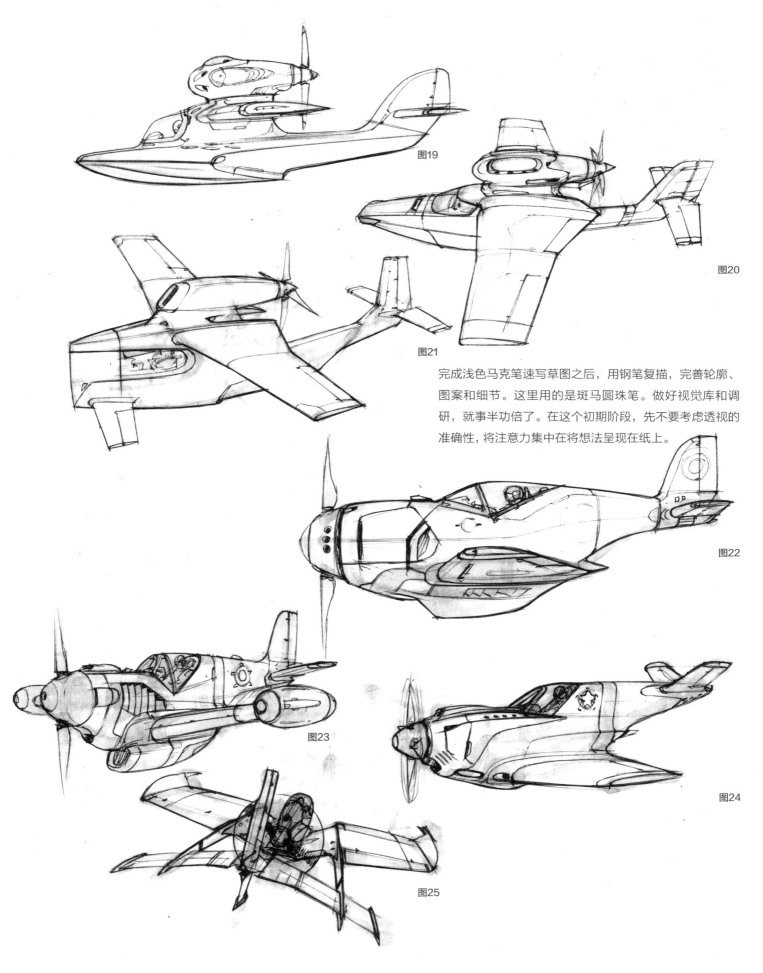

图19

图20

图21

完成浅色马克笔速写草图之后，用钢笔复描，完善轮廓、图案和细节。这里用的是斑马圆珠笔。做好视觉库和调研，就事半功倍了。在这个初期阶段，先不要考虑透视的准确性，将注意力集中在将想法呈现在纸上。

图22

图23

图24

图25

8.5 纸飞机构思

在前期的速写草图阶段，将精力集中在你画的是什么，而不是怎样画。换句话说，用绘画将你的设计视觉化，不要让自己在这个阶段疲于画出完美的透视画。先确定设计方向，透视可以在后面继续完善。

前期最重要的是确定一个足够心仪的设计，投入精力一遍又一遍地画得更精确，画出多个视角，使用不同的镜头。

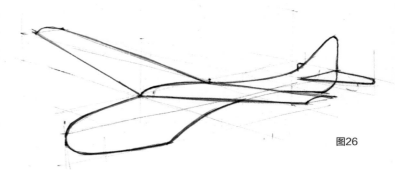

图26

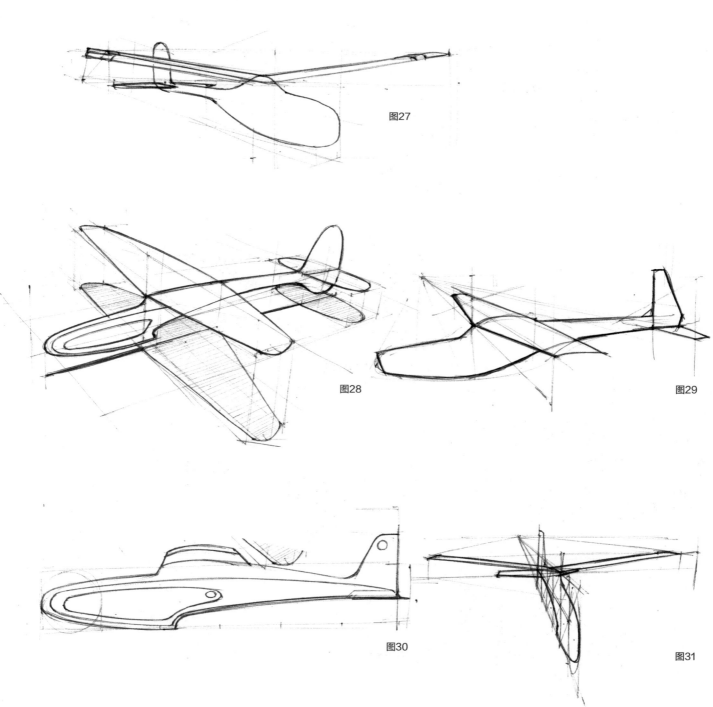

图27

图28

图29

图30

图31

8.6 纸飞机透视网格

要发挥想象画纸飞机，又要保证透视准确性，需要做的第一件事便是画好透视网格。以下步骤的基础是本书开头介绍的技巧，但

在这里，我们需要运用这些技巧画更具体的事物。下面是两点透视的纸飞机侧视图步骤解析。

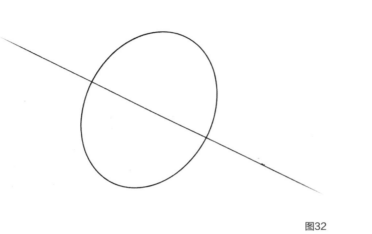

图32

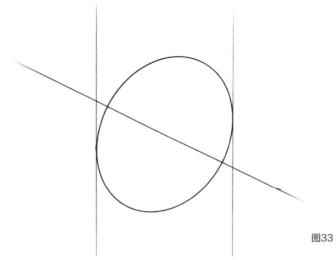

图33

第一步，图32：首先，使用椭圆板确定透视结构中物体的视角。将椭圆画精确，这样有助于在透视中画正方形。画一个任意度数的椭圆及其短轴，如图所示。将椭圆视觉化，想象你站在飞机机身的一侧。在这里，短轴决定了左消失点的位置。要使用50°椭圆板复制这个样本。

第二步，图33：因为这是两点透视，画两条与椭圆相切的竖直平行线。

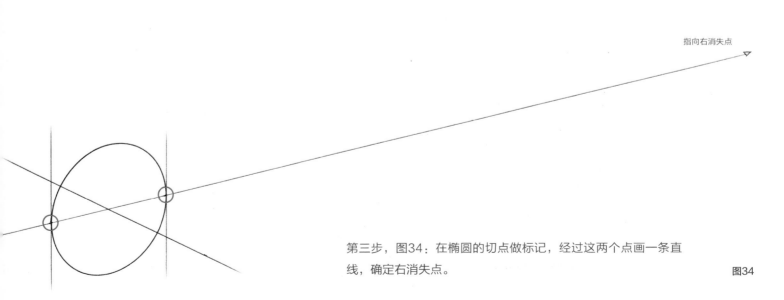

指向右消失点

第三步，图34：在椭圆的切点做标记，经过这两个点画一条直线，确定右消失点。

图34

第四步，图35：在椭圆底部画一条与椭圆相切的直线，确定指向右消失点的透视线条的交点，其与刚刚画的第一条指向右消失点的线条相交。画这条线时，想想要用的摄像机镜头。广角镜需要快速相交，长镜头需要较慢地相交。确定指向右消失点的几条线之后，视锥角（摄像机镜头）便确定了。画一条与第一条

右消失点指导线条呈90°的线。添加B点，其到线条0的距离与线条0和线条1之间的距离相等。经过B点，在椭圆顶部画一条切线。这三条直线都在右消失点相交，右消失点距离较远，在页面之外。

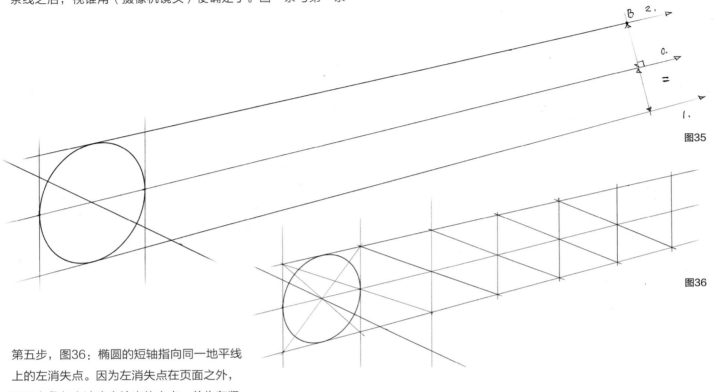

图35

图36

第五步，图36：椭圆的短轴指向同一地平线上的左消失点。因为左消失点在页面之外，运用布鲁尔方法确定恰当的交点。首先在竖直面上添加几个透视缩短的正方形。

第六步，图37：画一条与最右边的最后一条竖直线呈90°的线，构建与视线垂直的构图面。这条线的起点位于最后一个透视缩短正方形的右下角。将这条新的水平线向左延长，直至其与椭圆的短轴相交。然后，从短轴与左侧第二个正方形的底线交点开始，添加一条新的竖直线。

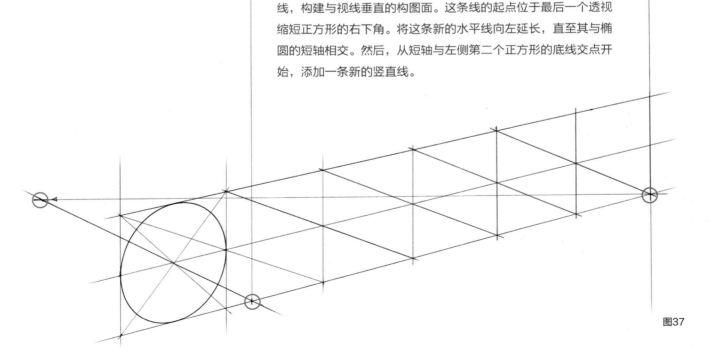

图37

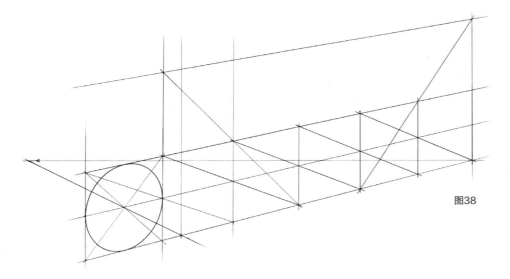

第七步，图38：运用自动透视缩短构图方法，将第二个和最后一个透视缩短正方形的高增加至两倍。添加一条直线，确定这些新的正方形的顶端，这条线将自动指向右消失点。这提高了右消失点网格的高度，因此，接下来构图步骤——确定在左消失点交汇的指导线条将更加精确。

图38

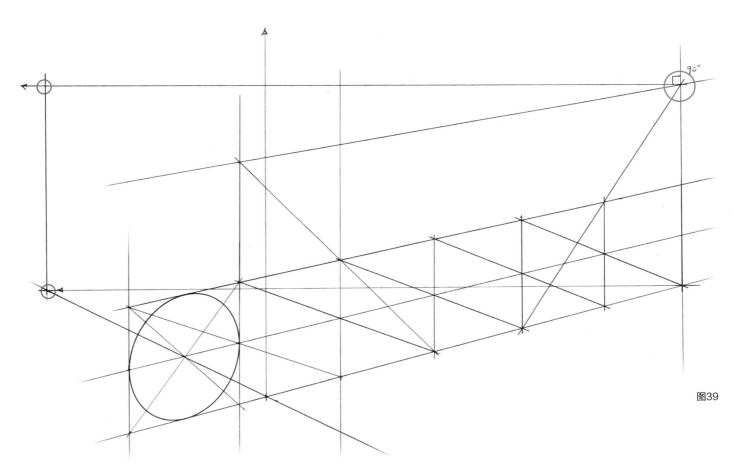

图39

第八步，图39：画一条与最后一个正方形的右上角呈90°的水平线，将其向左延长。从短轴与第六步最后一条水平构图线的交点出发，画一条垂直线。

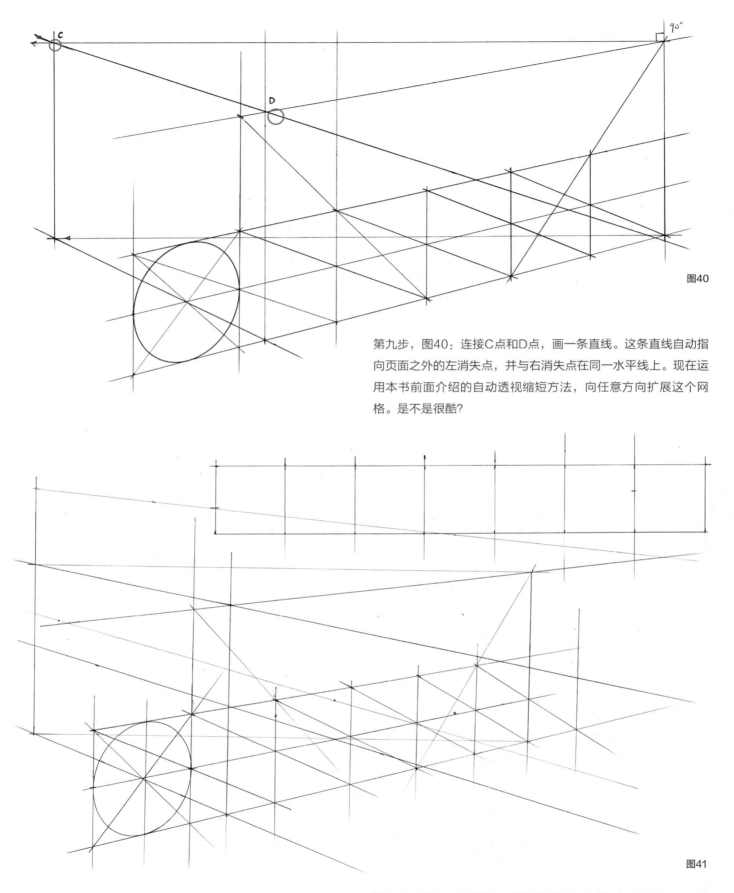

第九步，图40：连接C点和D点，画一条直线。这条直线自动指向页面之外的左消失点，并与右消失点在同一水平线上。现在运用本书前面介绍的自动透视缩短方法，向任意方向扩展这个网格。是不是很酷？

图40

图41

第十步，图41：这是同一结构的另外一个例子，其中指导线条更多，添加了额外的正方形，侧视图正方形比例与透视图中一样，都是1：7。

8.7 纸飞机绘画步骤解析

这个样本使用的是博登 & 瑞利 100s 顺滑锦标马克纸板。圆珠笔纯手绘图。可以复制上一页的网格，作为底衬使用。

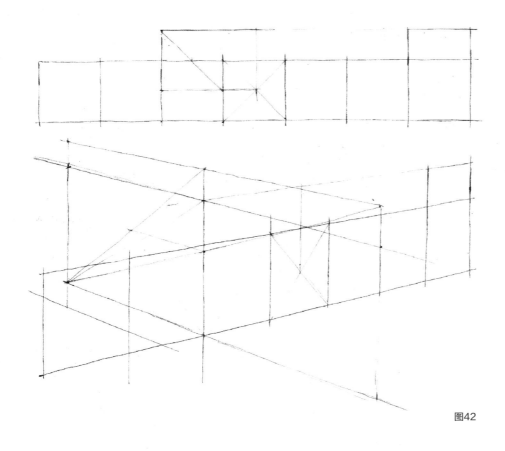

第一步，图42：首先，将指导线条转移至覆盖纸上。徒手描绘指导线条是一个很好的练习，但用直尺会更快速而准确。描出基本的面，运用自动透视缩短构图方法，根据侧视图确定机翼的前角。机翼的宽度只是通过感觉猜测确定的。这是第一次添加宽度，因此不能弄错。

图42

第二步，图43：画出飞机侧视草图。记住这个视角不含透视，这只是一幅正交视图。在这个设计中，机翼会有两面角。这就意味着机翼尖端要高于机翼中间与机身连接处。在顶视图中，机翼从中间开始向机翼的尖端变细。侧视图中也是如此。

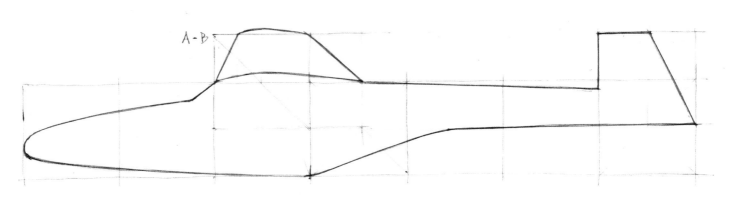

图43

第三步，图44和图45：只要有合适的透视缩短并符合比例的构图面，那么正交视图中的任何物体都可以呈现在透视图中。只需在侧视透视面上画相同的侧视图即可。运用透视缩短正方形作为参考线条，借此确定透视侧视图所需的参考点。根据需要分割这些正方形，以确定更多的参考点。寻找侧视图与两种视角下现有指导线条的契合之处。试着延长较短的线条，看看其与1：7的构图面的交点，将其在透视图中的走向视觉化。在侧视图中，延长机翼前端向下的较短的成角线条，看看其与正方形面的底线的交点位置。这有一定作用，如果向下直达底线与第一和第二个正方形之间竖直线的交点处，便可以发挥更大作用。

如果你参考的是侧视图与1：7构图面的关系，那么转换侧视是最直接的。如果你练习过通过固定的点画流畅的线条，那么在这里就可以事半功倍了，画出的透视绘画会很美观。透视图中飞机尾翼的颜色特意画得浅一些，因为机翼可能在某个点穿过它。

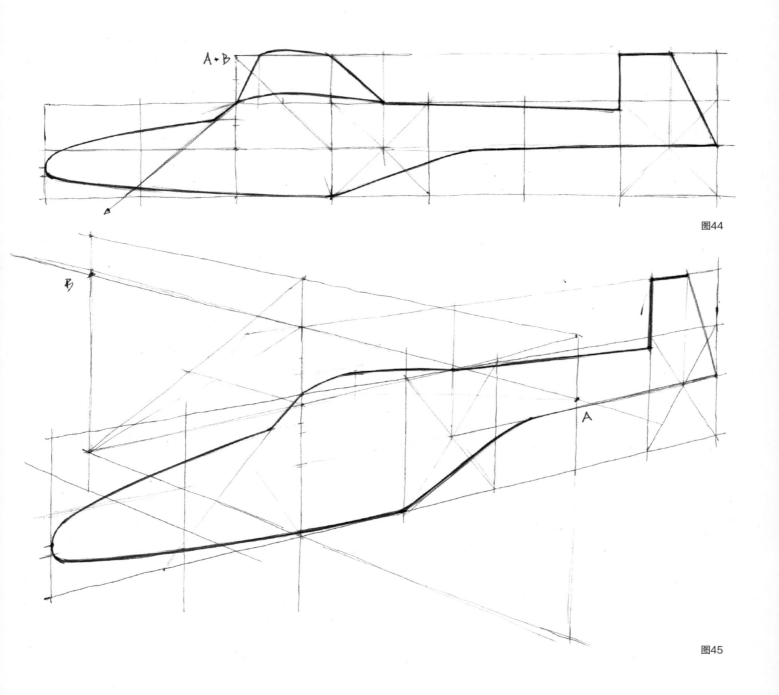

图44

图45

第四步，图46：机翼从机身顶端开始画起，但必须确定机翼尖端的位置。运用自动透视缩短方法画一个构图面，位于机翼前端并与机身呈90°，同时确定了A点和B点之间的整体宽度。在3D空间中，还有一些参考点来确定机翼尖端的位置。回到侧视图，机翼尖端的前半部分约占一个正方形的四分之一，而机翼尖端的后半部分位于第三和第四个正方形之间的竖直线上。有两种方法将这些点转移到顶视图中机翼尖端所在的位置。第一种是首先将

机翼尖端的前后向下投射至机身底部水平指导线上，然后将其投射至顶视图中A–B的宽，或者将机翼尖端的点上移至机身构图面上A–B的高度，然后将其投射至顶视图中A–B的宽。如果决定先将其下移，再向外移动，试试将其下移至机身稍向下一条指向右消失点的新构图线。这很容易变成地面上的设计顶视图，就像飞机下面的影子。这里使用的方法是向下–向外法，平面即机身下面的地面。

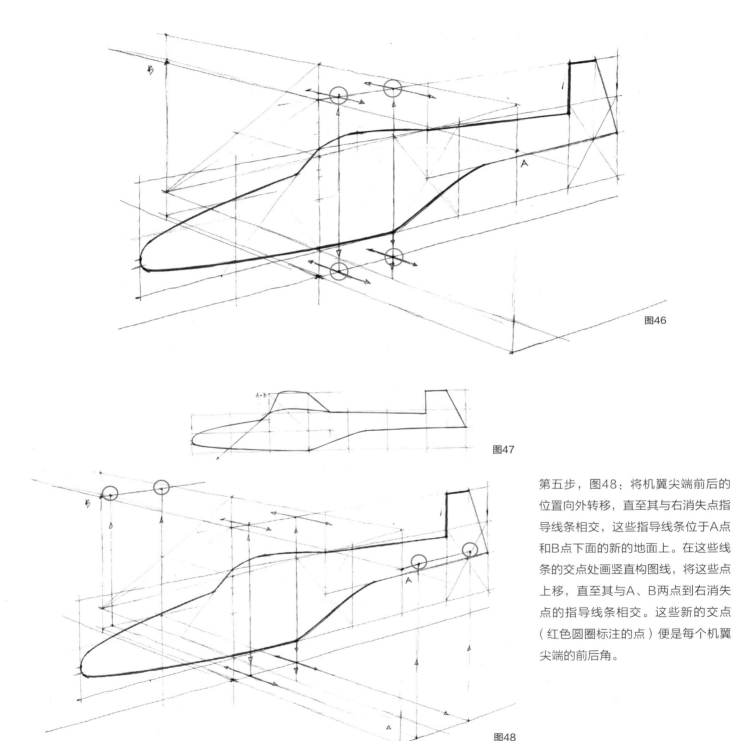

图46

图47

第五步，图48：将机翼尖端前后的位置向外转移，直至其与右消失点指导线条相交，这些指导线条位于A点和B点下面的新的地面上。在这些线条的交点处画竖直构图线，将这些点上移，直至其与A、B两点到右消失点的指导线条相交。这些新的交点（红色圆圈标注的点）便是每个机翼尖端的前后角。

图48

第六步，图49：点对点画出每个机翼尖端的截面。将机翼前后的位置，即其与机身连接的位置下移至地面。连接地面上的点完成顶视图/影子。最后，从机翼前后的中线开始向机翼尖端的角画直线完成主机翼，如图所示。看图50中地面上的影子，可以看出透视图中这个设计的顶视图就是这样的，尽管机翼本身看起来会不同，但这是因为相较于机翼中间与机身连接处，机翼尖端的位置有所抬高。

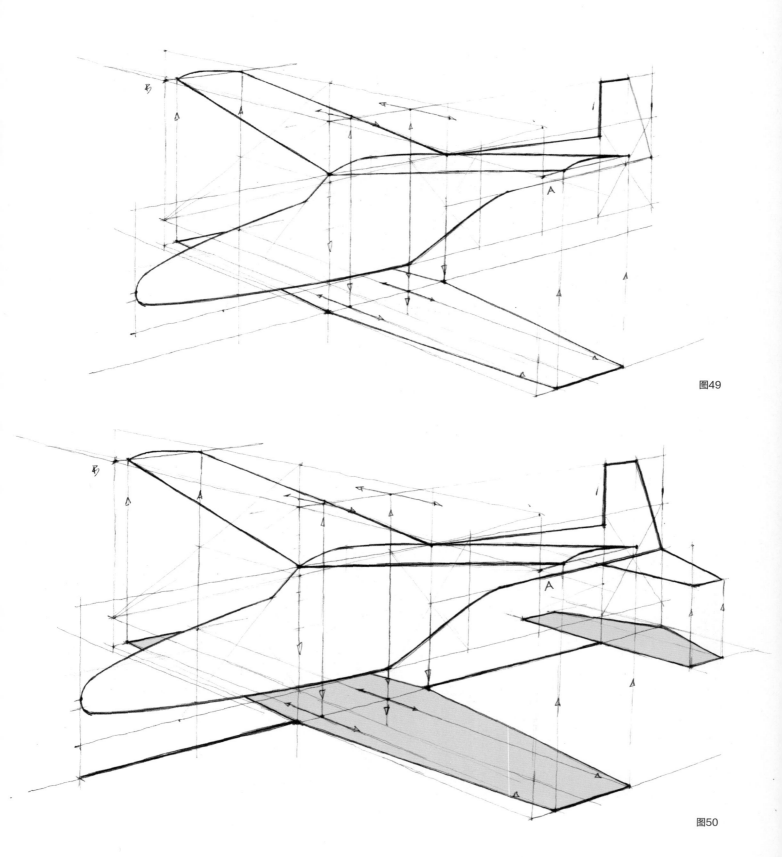

图49

图50

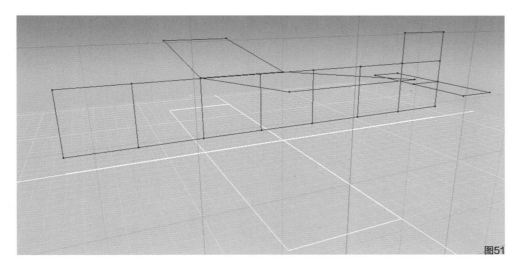

25mm 镜头

本页中的三个透视网格都是用MODO程序生成的。模型非常简单，但仍然不失为快速探索飞机不同透视角度的好方法。我们可以尝试不同的摄像机镜头，看看哪一种镜头汇聚最适合这个底衬。

通过25mm镜头，"纸飞机"的底衬要么看起来像一个很小的物体，要么看起来像一个巨大的物体，这是肉眼体验这种效果的唯一方法。

图51

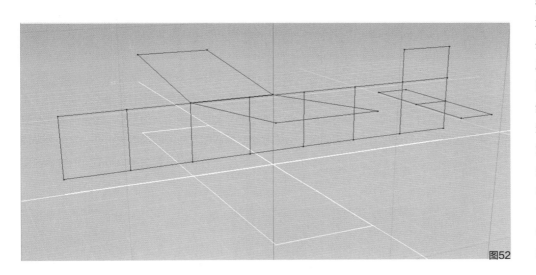

50mm 镜头

这是同一个底衬模型，只是现在镜头是50mm。通过50mm镜头看风景或物体，感觉会最"自然"，因为其最接近于肉眼，是感觉最自然的透视汇聚，所以在我们手绘时这是默认的镜头。如果底衬使用广角镜头，如上图所示，或使用长镜头，如下图所示，在参考这些网格中的指导线条时就需要特别注意了，因为大脑往往会回到50mm镜头的透视汇聚上，因为"感觉"50mm镜头的正确性更高。

图52

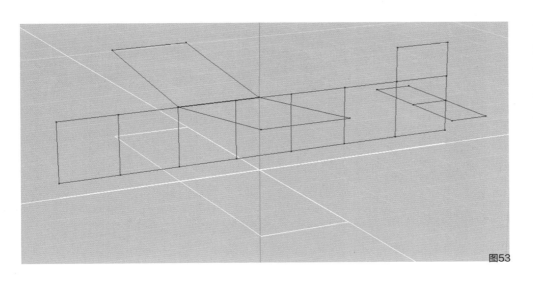

100mm 镜头

通过100mm镜头获取的长镜头视角与上述两个视角都是正确的，但是感觉不同。这个镜头无法满足大脑希望观察到的透视汇聚，因为透视汇聚较慢，物体感觉距离较远。这种情况最常见于用超长镜头拍摄的照片中。本页中每个网格中飞机的比例相同，唯一的区别是透视汇聚。记住，在绘画时，任何汇聚都是"可选择的"，但除50mm镜头外，都需要模仿照相物镜。

图53

8.8 运用3D底衬

本页和下一页上都运用了以上透视网格，加快每个概念绘画的速度，提高透视的准确度。这些网格是用 MODO 生成的，在 MODO 中，先确定纸飞机的基本比例，然后用屏幕抓取几个透视视角。

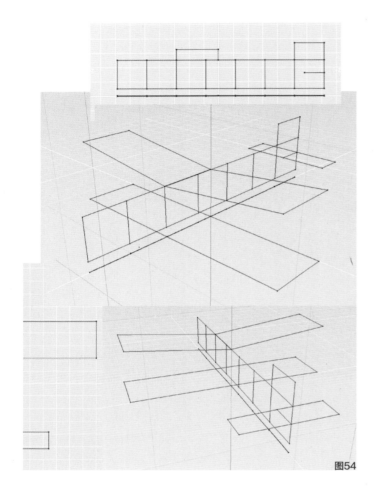

图54

如果物体有固定且无法移动的硬点，像这里的机翼或机尾，并且又需要生成大量的造型，那么在绘画时运用透视网格底衬会事半功倍。完成造型方向后，在重新构图时，将3D透视技巧应用在 Photoshop中。可以直接先考虑设计，而不是考虑技术方面的问题。看一看右侧的纸飞机概念图，图56和图58中，飞机正下方画了投影。投影基本上是该设计的顶视图，观察者可以从中得到更多的设计信息，这是非常有用的。

看一看前3/4视图（图65），试想没有地面上的影子和其他辅助性视角，你会看到些什么。机翼的顶视图看起来是什么样呢？你可能会感到困惑。但是，添加了阴影，立竿见影的是顶视图中机翼尖端前置了。

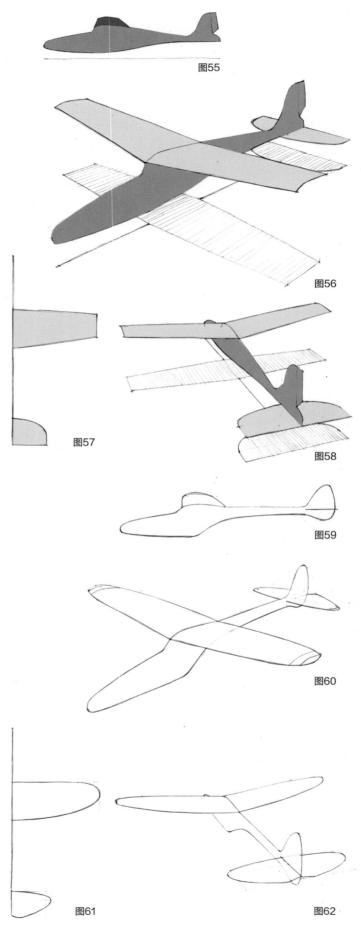

图55

图56

图57

图58

图59

图60

图61

图62

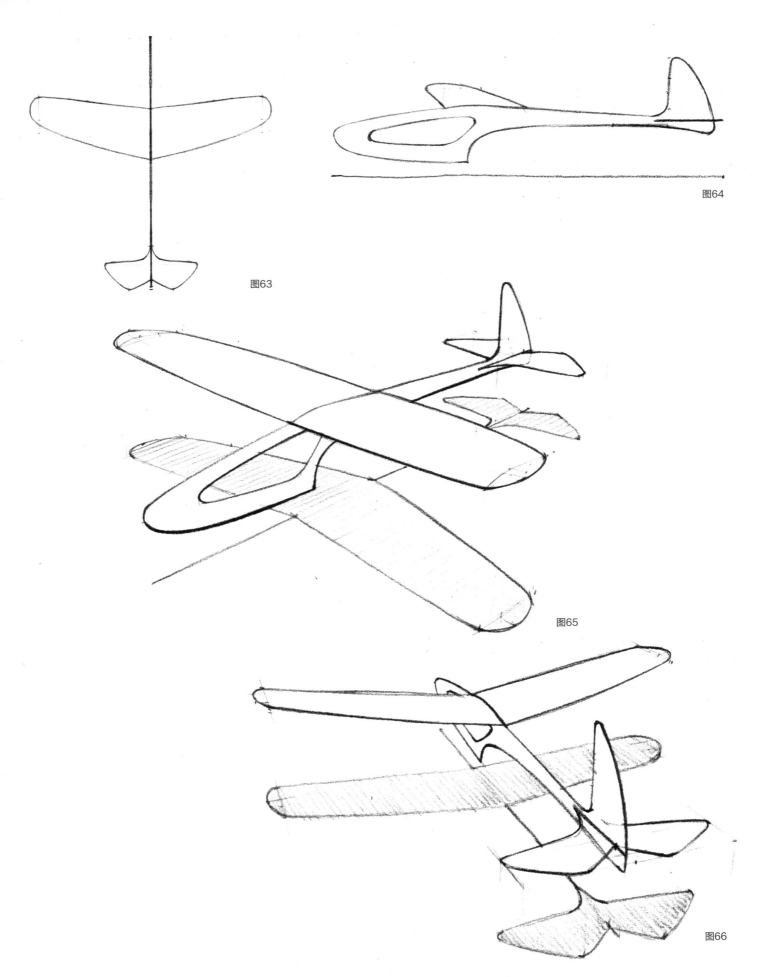

图63

图64

图65

图66

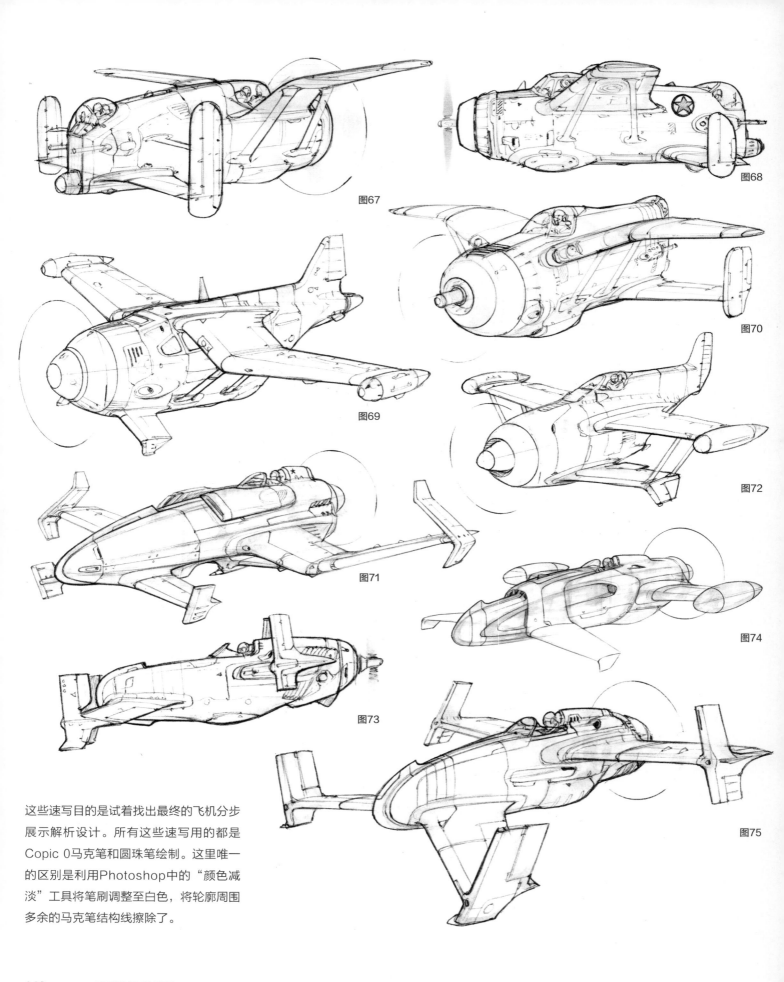

图67

图68

图70

图69

图72

图71

图74

图73

图75

这些速写目的是试着找出最终的飞机分步
展示解析设计。所有这些速写用的都是
Copic 0马克笔和圆珠笔绘制。这里唯一
的区别是利用Photoshop中的"颜色减
淡"工具将笔刷调整至白色，将轮廓周围
多余的马克笔结构线擦除了。

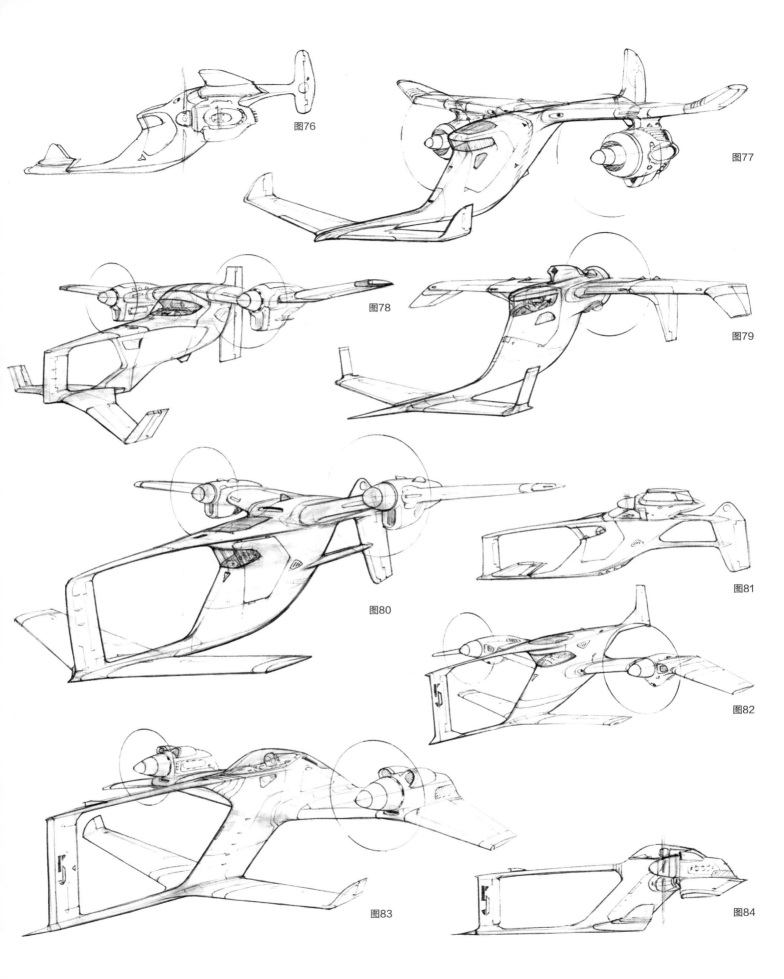

图76

图77

图78

图79

图80

图81

图82

图83

图84

8.9 最终的飞机绘画步骤解析

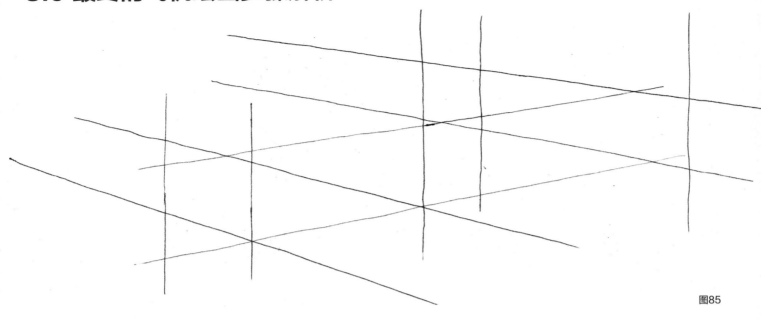

图85

第一步，图85：既然已经大致画了一些设计线条，接下来便是进一步完善设计了。首先，想象飞机的视角构建合适的透视网格（不论是手绘还是计算机生成，前面学习的任何技巧都可以运用）。精确的网格是必不可少的。

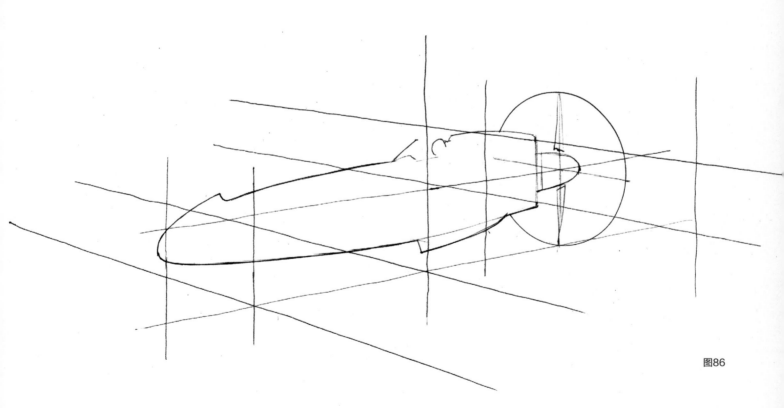

图86

第二步，图86：画飞机或其他任何交通工具时需从画其中线开始。交通工具的侧视图是最重要的视角之一，因此必须在透视中恰当地对这个视角进行透视缩短。在上图中，飞机的中线已经完成，还添加了旋转螺旋桨。螺旋桨的构图面不在中线Y面上，而是与之垂直。在绘画的前期，正确地确定这个空间关系非常重要。

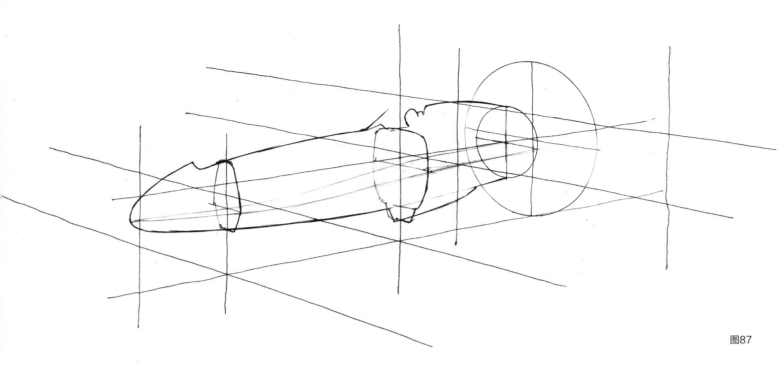

图87

第三步，图87：记住画复杂物体的关键在于，一次考虑一个视角或一个截面。在中线上添加X面。在这里，前部有一个较窄的X面，机身最宽的位置有一个X面，第三个X面位于后部，代表发动机罩的圆柱图形。飞机最宽部分弯曲的侧视线条是先画在中线上，然后向外投射，与截面的宽吻合，如同本书第6章中X-Y-Z面绘画练习。

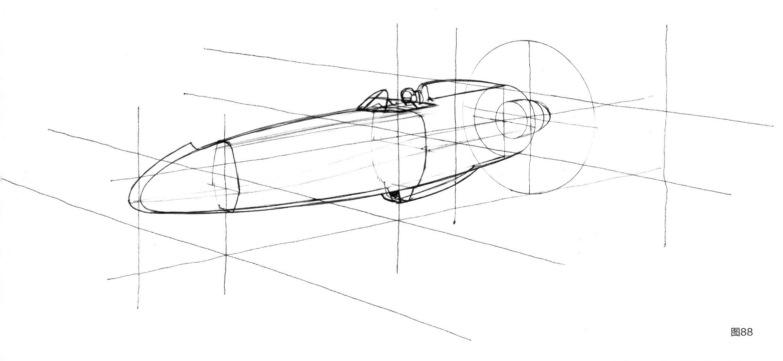

图88

第四步，图88：添加足够的截面并确定机身的宽度后，放心大胆地去画轮廓吧。如果你一开始并不是靠猜测画轮廓线，而是花些时间先画几个简单的截面，那么在这里便事半功倍了。这类绘画要有耐心，其更像构建飞机模型，而不像是草率地绘制最终图形。

另外还要注意这是一幅工作图，图形大多需要绘至较远的一侧，保证物体在透视中的恰当结构比线宽和绘画的视角效果更重要。在其上绘制覆盖图，调整线宽和制图之后，绘画的视觉效果会更好。

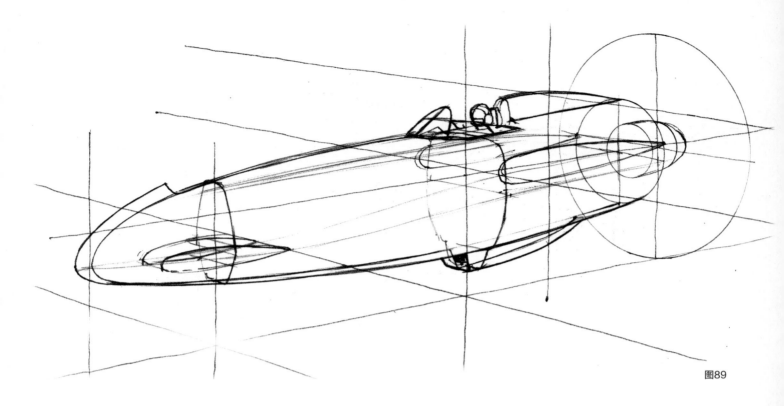

图89

第五步，图89：像后部和这个设计中的鸭式机翼（位于机头而不是机尾的升降机）画主机翼的翼面横截面。想象这是机翼与机身的连接处。机身两侧均有截面线条。即使机翼上有片状物将其融入机身，但为了更准确地画出来，忽略将其融合的图形。这样，下一步就更加简单而准确。

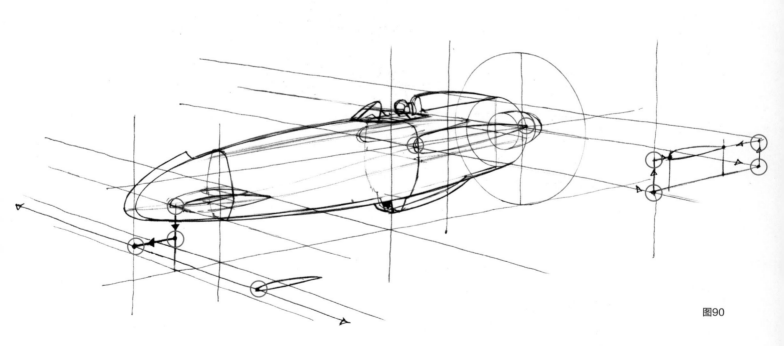

图90

第六步，图90：要添加较近一侧的机翼尖端，只需要确定一侧机翼尖端截面的位置，有多种方法可以确定。这个结构重复了纸飞机上机翼尖端的位置。尖端的位置设置非常随意，但基本位置是通过参考142页上的设计图猜测出来的。移动X-Y-Z透视空间的各个点，猜测机翼尖端的位置，在画实际的机翼尖端截面前先确定几个参考点。画截面前，鸭式机翼的前部先下移，然后前移，最后偏离中线。主机翼尖端的前部先移出再向上，然后向后。机翼后缘点先移出，再向上移动相同距离，然后稍微向前。

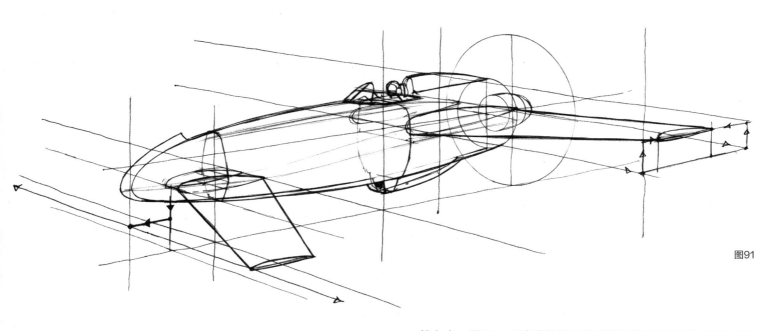

第七步，图91：用直线将机翼尖端截面连接至机翼与机身的连接处，如截面线条所示的位置。

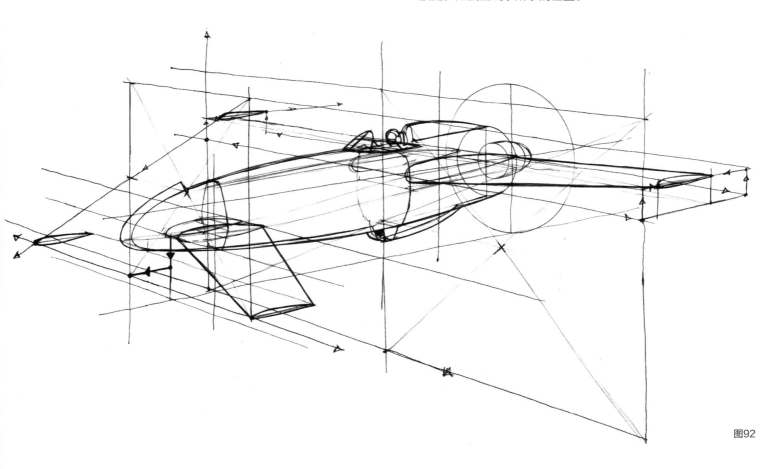

图91

图92

第八步，图92：要将较近一侧的机翼映射至较远的一侧，需要运用两个大的构图面，其中的一条竖直线条穿过每个机翼尖端顶视图中最宽的位置，另外两条竖直线位于中线上，从前两条线直接向内。运用自动透视缩短技巧，将每个构图面的宽映射至较远的一侧。后机翼上的构图面比预想的高一些。记住，增加这个高度，会让构图面更趋近于正方形，这样将宽向另一侧映射时会更加准确。飞机的高度并不取决于较近一侧机翼尖端的宽，因此，根据对于精确度的要求，可以将构图面提高至任意高度。

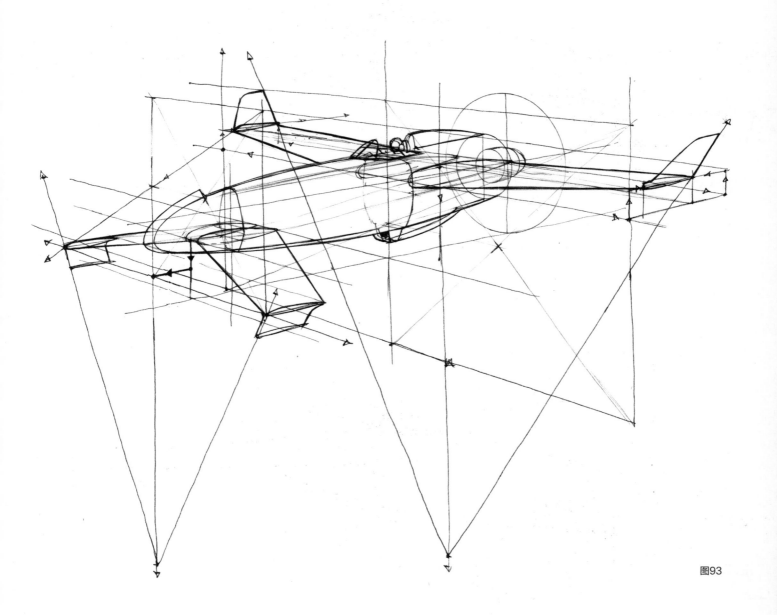

图93

第九步，图93：较远一侧机翼尖端截面的透视缩短已经完成，从前向后的位置也已经转移，添加其他几条指向左消失点的构图线。机翼尖端截面映射完成之后，将其连接至机身，重复第七步。要在每个机翼上添加上扬或下降的翼尖小翼，运用对角线法映射每个翼尖小翼相同的前视角度。在调整该线条的侧视图

时为了避免竖直线条，只需要移动V字结构底部位于中线上的这个点。如果主机翼上小翼的后缘向前倾斜，将V字结构的中点后移。在这个例子中，主机翼上小翼的侧视图中，后缘是竖直的。这个结构效果很好，如果没有这个结构，将很难准确猜测这些线条的位置。

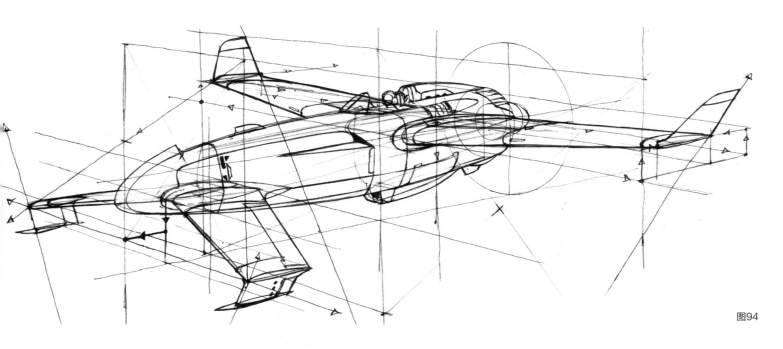

第十步，图94：添加其他设计细节，如切割线、进气口、襟翼等，将机翼的变形与机身结合在一起。记住，这是一幅工作图，因此可以随意进行更改，只需在现有的结构上直接加描即可。

只有将精力放在设计和透视结构的准确度上，而不是试图画出好看的线条，设计效果才会更好。

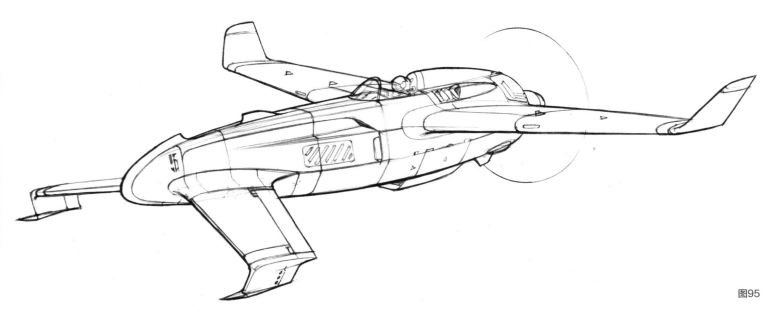

图95

第十一步，图95：最后，清理画面。将工作图垫在画板第一张纸的下面。运用所有有用的工具，如椭圆板或拂拭刷。在叠盖纸上绘画时，添加足够的图形内表面截面线条信息很重要，因为在图上标注图形转换是没有意义的。即使该设计没有表面切割线，

在这里也最好添加几条这样的线条。随后，如果选择在绘画中添加明暗关系，可以将这些截面线条擦除，因为这些明暗关系可以起到说明转换图形的作用。工作图和最终的覆盖图都使用了圆珠笔和博登&瑞利100s纸。

第 8 章 | 画飞机　　149

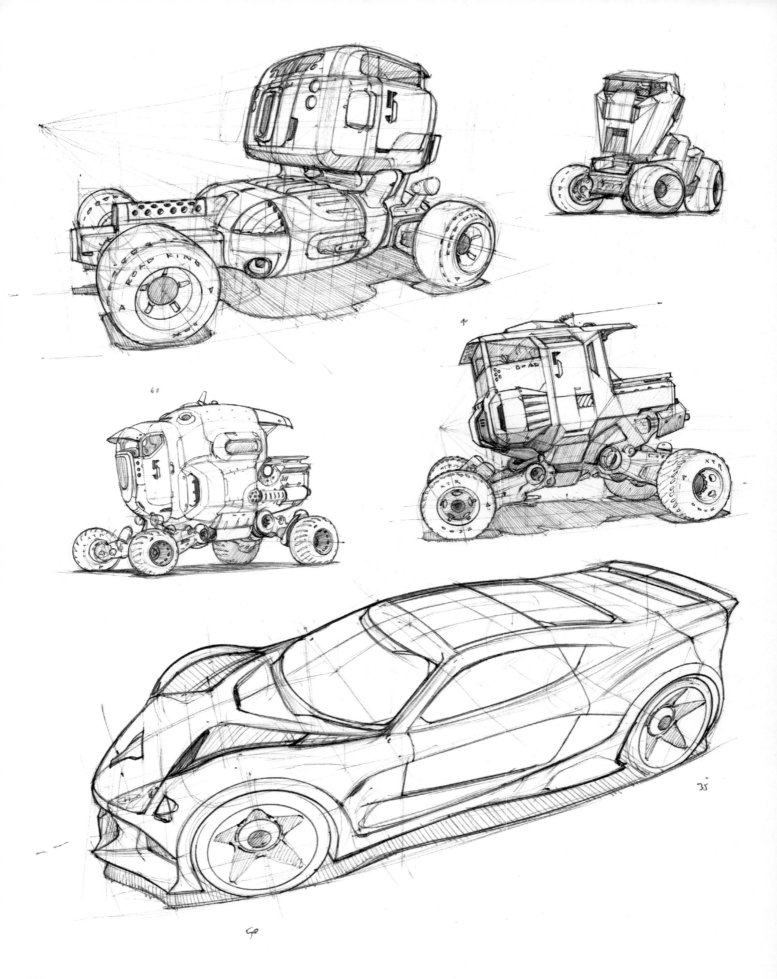

第9章 画带轮子的车辆

学习通过想象画带轮子的车辆，需要理解基本的设计思维和车辆构图。因为本章及本书剩余章节的目的都是为了使读者学会透视绘画的实操技巧，可以发挥想象绘画，因此需要一些设计方面的知识。与前一章画飞机类似，本章包含视觉研究、确定设计目标、车辆总体布置/构图、草绘及最终复杂的步骤解析结构图。

车辆设计和绘制的范围广泛，一章也不可能完全教会大家如何绘制和设计所有的车辆。这里分享的是通过想象画出一幅创意车辆图时最有用、最常用的知识和技巧。因此，挑一支钢笔，削一支铅笔，让我们开始吧！

9.1 视觉研究

开轮式赛车	皮卡	跑车	半挂卡车
越野车	运动型多功能车	掀背式车	军用车
经典车	旅行车	赛车	急救车
改装车	轿车	厢式货车	救护车

车辆类型种类庞杂，以上只是一个简要清单。下面几页车辆类型的图片例子，可用于在设计中寻找灵感。参加车展和博物馆，或偶遇垃圾车经过时快速地拍张照片，都可以在画创意车辆时提供良好的参考。特别是需要在设计中添加真实细节时，这种照片非常有用。

如同上一章介绍飞机时提到的，首先要拓展你的车辆视觉库。无论是通过观察还是通过照片，临摹研究不同类型的车辆，你可以学到关于形状、图形、比例、轮廓、细节及表面等方面的更多知识。在进行这些研究时，试着弄明白如何用线条画出你所观察的车辆。尝试不同的线宽和快速画出你所看到的物体的方法，这样你的观察技巧会大大提升。在没有任何参考的情况下，进行原创设计时，你曾研究过的车辆或其他物体都可以根据比例为你的设计增加真实感，你也会因为曾经学习过而对物体更加敏感。

在画带有轮子的车辆或其他事物时，特别注意表达物体形状的前几条线。在确定正确的比例前不要草率地开始描绘细节，如果比例不正确，画得再漂亮也不会呈现出具有吸引力的设计。

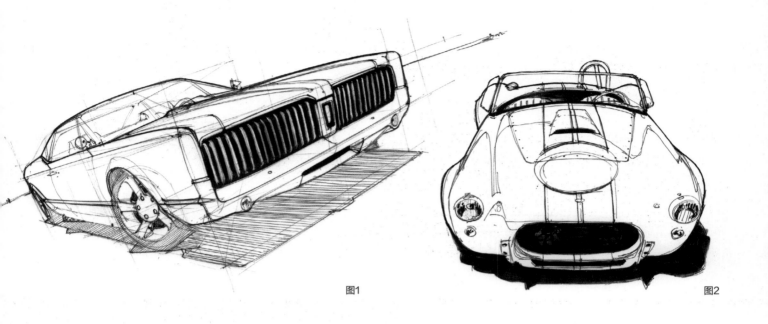

图1

图2

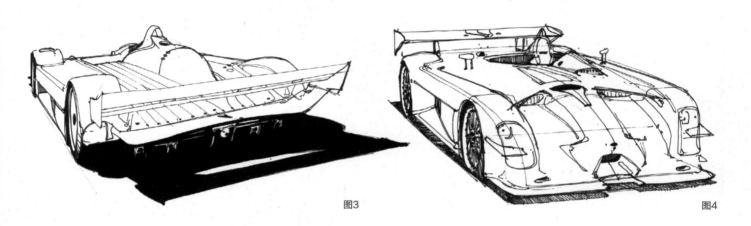

图3

图4

以下是通过观察画汽车的几个例子。

图1是用圆珠笔绘制的。作者意图捕捉照片戏剧性的广角镜头效果。

图2也含有广角透视,但添加了几条简单的反射线来表达形状变化,而无须再添加X面。通过这样一种简洁的形式,我们明白这是一辆汽车,并且很容易看出这是现实生活中真实存在的汽车。通过将较强的图形元素放在合适的位置,我们可以理解这个基本的设计。但是,如果用这幅图,让建模师构建这辆车的模型几乎是不可能的。在将观察绘画转化为想象绘画时要记住这一点。大

型图形元素,如前灯、车窗、格栅及进气口,具有简单的图形美,但在传达物体形状时用处不大。

哪一个更重要?视情况而定。如果你正在设计绘制一辆带有黑色玻璃和黑色格栅的白色加长轿车,那么花些时间确保这些图形上具有高对比度的元素的正确性,你的设计会看起来更准确而有吸引力。这是因为任何人在看这样一辆加长轿车时,首先看到的是这些对比度较强的图形,其次才是车辆的过渡形式。以这些元素为先,尽力将其画好,可以吸引注意力。这种根据观察者距离物体的远近而组织视觉元素的方法被称为"基于距离的样式"。

9.2 绘画前明确想法或目标

开始绘画的一个好方法是写下你要尝试的想法，然后将清单放在附近，以便随时参考。在绘画的过程中参考清单，不仅是为了验证绘画作品是否符合预期设计目标，也是为了发现新灵感时随时更改清单。

如果设计要求来自他人，是设计工作的部分内容，那么将不可忽视的条目标出来。已经画完的形状可能是你最喜欢的，但并不一定真正适合这个设计任务，这一点很容易出错。

让我们看一个简单的设计任务和最初的几个尝试性的绘画作品吧。

目标

设计一辆来自其他星球的科幻改装车。

美学

在保留熟悉的改装车比例、造型和轮廓的同时尝试非传统的棱角图案和表面转换。外观力求狂野冷酷。

构图和性能

探索不同寻常的生产工艺和先进的工程概念，在地球上可能并不可行或成本高昂。电源应为内燃机的替代物，既有别于地球上的内燃机又与之相似，一看设计便可以知道采用的是电源。载客数：两人。

列出这样一个简单的设计任务也是将想象力集中起来的一个有效方法。这称为"积极成像"，即在事件发生前先将积极的结果视觉化，或者如同这个例子中一样，在设计和绘画之前提前视觉化。试着想象整个画面。在大脑中勾勒出即将呈现在纸上的所有步骤，设计可能在你拿起笔之前就已经开始了。接下来的两页为了完成科幻改装车的设计任务而做的尝试绘画。

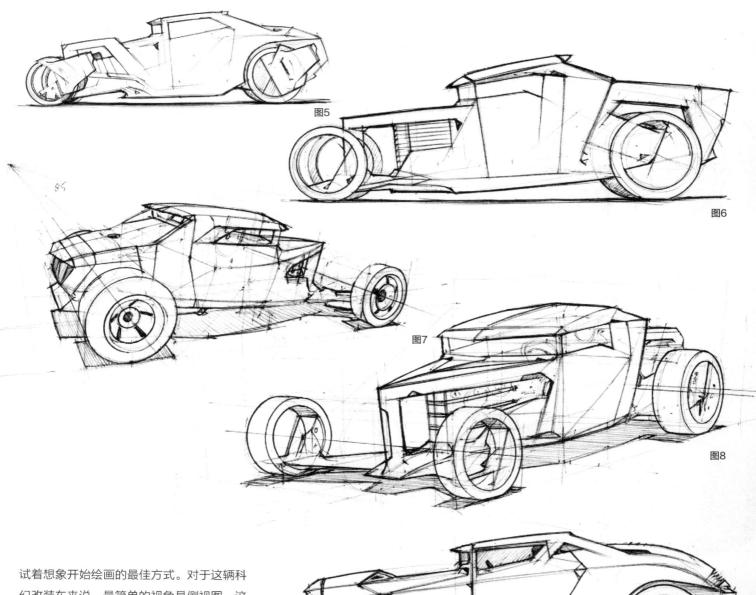

图5

图6

图7

图8

试着想象开始绘画的最佳方式。对于这辆科幻改装车来说，最简单的视角是侧视图。这页上的四幅侧视图是最先画出的，可以为更难更耗时的透视图提供一些信息。在绘画时要时刻谨记最初的设计目的。记住，不要偏离目标，只画你喜欢的、熟悉的，而忘记了设计任务的要求。

我们可以看到下一页含有明暗关系和颜色。看看线条绘画结束后，这个设计概念是如何演变成这些绘制图的，这非常有趣。图12用的是传统工具，马克笔、蜡笔和粉笔。图13和图14运用了Photoshop。

图9

图10

图11

图12

图13

图14

9.3 车辆总体布置和结构的基础知识

无论设计何种物体，原型和创意几乎都取决于其零部件的排列。车辆的设计特别取决于电源的位置、货物和乘客、轴距的长度、车身高度、底盘高度等。所有这些设计决定都属于这辆车的"总体布置"或"结构"。初期明确这些设计选项可以将这辆车与其他车辆区别开来。

"硬点"是一个常见的术语，用于描述总体布置中在任何情况下都不能移动的区域。这些通常与工程限制有关，如果将其移动，就会降低性能及安全性。要想真正提高设计能力和绘画能力，车辆总体布局是一个重要的研究领域。（Design Studio Press 出版社出版了一本关于汽车总体布置的很好的教材《H点：汽车设计和总体布局基础教程》（*H-POLNT: The Fundamentals of Car Design and Packaging*），作者是斯图尔特·梅西、杰夫·沃德尔，本书中有200多页专门就这个主题进行了讲解。）

无论是设计奇幻的宇宙飞船还是设计电动工具，总体布置是让设计至少看起来实用的关键。移动总体布置的元素可以改变物体的外观。例如，与放在中间相比，发动机放在车身前部，其轮廓和比例将有所不同，而这种区别完全是因为总体布置不同。有些物体的总体布置根本无法更改，因此无法围绕所有硬点画出美观的车身。对于这个话题的研究越透彻，你的绘画作品就越有创意，

所画物体的表面可以直接反映出你在这个设计领域投入了多少精力。

在画轮廓前，所有的透视绘画技巧都是为了完善设计和物体的总体布置，这并非巧合。本书中的绘画方法——从地面向上画，穿过物体，犹如物体有一层看不见的肌肤——可以令美术师对总体布置更好地进行视觉化，移动其各个元素，实现想要的美学效果。

空气阻尼	排气孔	进气格栅	天窗
空气隔板&支架	挡泥板	内饰	尾灯
品牌标识	雾灯	牌照	轮胎
保险杠	油箱盖	型号名称	牵引索
车门	图示面板	数字	装饰
车门把手	图形条纹	车顶行李架	车轮
发动机	前灯	侧面标识	车窗
排气管	进气口	阻流板	雨刷

如同在开始绘画之前要列出简单的设计任务，列出物体的具体设计内容也是大有裨益的。在进行视觉研究，（通过观察或照片）画与想象中的车辆相似的现有车辆时，列出这样一张清单

非常简单。经验丰富的设计师对其绘画的物体非常熟悉，对这张清单的依赖较小，但刚开始绘画时，这张清单通常非常有用。

▶ 视频讲解

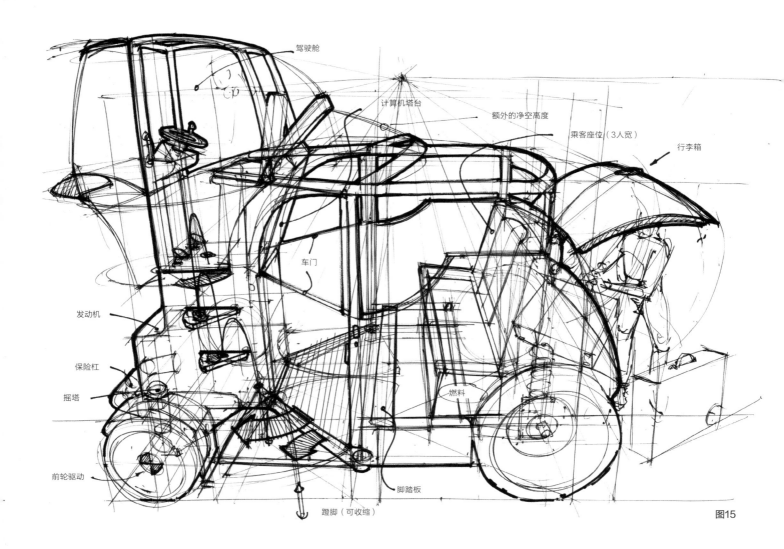

驾驶舱
计算机塔台
额外的净空高度
乘客座位（3人宽）
行李箱
发动机
车门
保险杠
摇塔
燃料
前轮驱动
脚踏板
蹬脚（可收缩）
图15

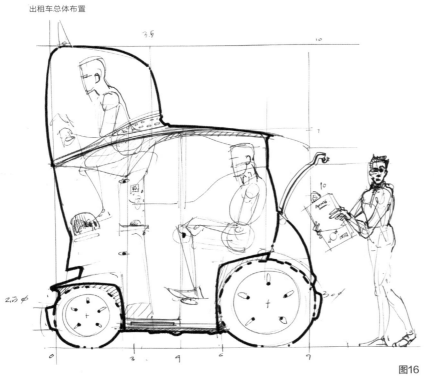

出租车总体布置

图16

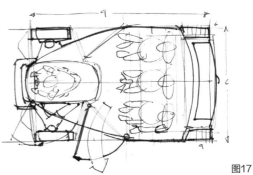

图17

图15是《发动机入门》一书中概念出租车的总体
布置图。即使是利用简单的总体布置速写，也可以
画出新的车辆图形。

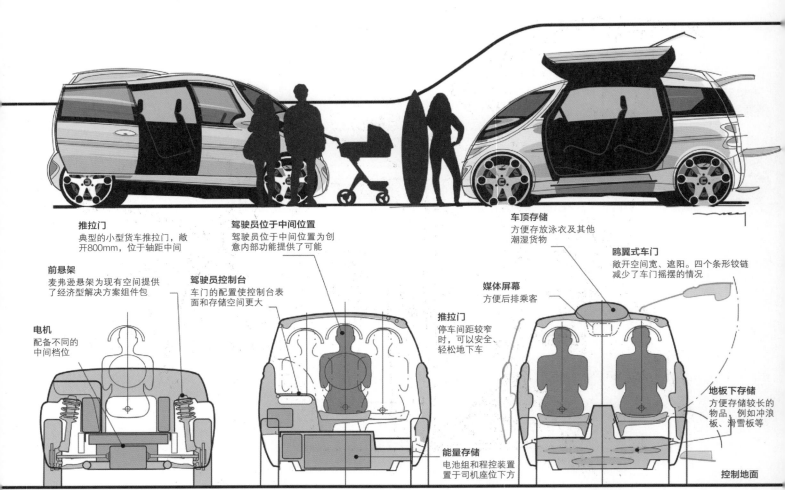

推拉门
典型的小型货车推拉门，敞开800mm，位于轴距中间

驾驶员位于中间位置
驾驶员位于中间位置为创意内部功能提供了可能

车顶存储
方便存放泳衣及其他潮湿货物

前悬架
麦弗逊悬架为现有空间提供了经济型解决方案组件包

驾驶员控制台
车门的配置使控制台表面和存储空间更大

鸥翼式车门
敞开空间宽、遮阳。四个条形铰链减少了车门摇摆的情况

电机
配备不同的中间档位

媒体屏幕
方便后排乘客

推拉门
停车间距较窄时，可以安全、轻松地下车

地板下存储
方便存储较长的物品，例如冲浪板、滑雪板等

能量存储
电池组和程控装置置于司机座位下方

控制地面

前主轴截面　　　　　**驾驶员截面**　　　　　**第二排截面**

外形尺寸	
长	3690
宽	1690
高	1830
轴距	2520
车轨	1515
轮胎外直径	720
轮胎尺寸	185/60 R20

内部尺寸	
前方头顶空间	1025
前头顶到地面	800
前座椅高度	230
中间头顶空间	980
中间肩部空间	1380
后方头顶空间	970
后方肩部空间	1360

目标规格		
车程	250英里	
燃料效率	80英里/加仑（当量）	
最高速度	90英里/加仑	
提速	0-60	7秒
重量	1800千克	
费用	25000-35000美元	
产量	75000	

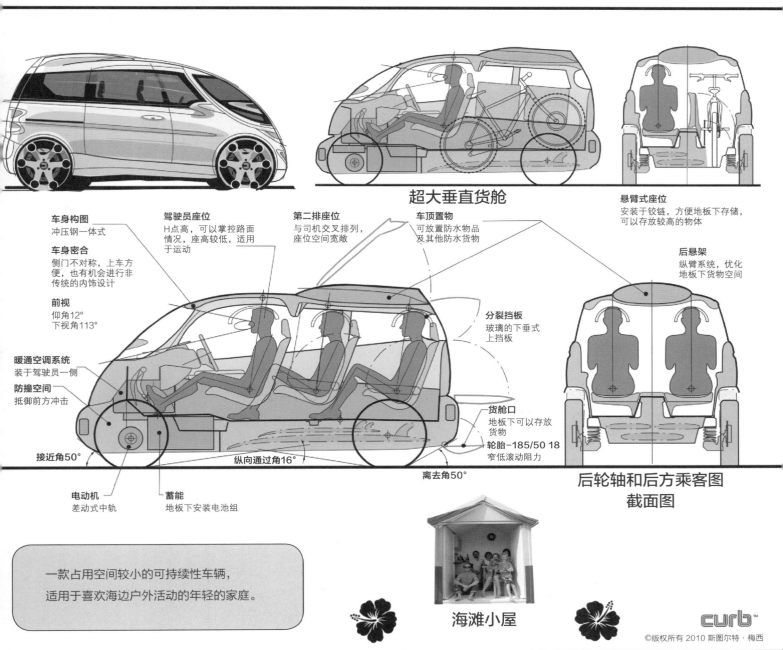

超大垂直货舱

悬臂式座位
安装于铰链，方便地板下存储，可以存放较高的物体

车身构图
冲压钢一体式

车身密合
侧门不对称，上车方便，也有机会进行非传统的内饰设计

前视
仰角12°
下视角113°

暖通空调系统
装于驾驶员一侧

防撞空间
抵御前方冲击

驾驶员座位
H点高，可以掌控路面情况，座高较低，适用于运动

第二排座位
与司机交叉排列，座位空间宽敞

车顶置物
可放置防水物品及其他防水货物

分裂挡板
玻璃的下垂式上挡板

货舱口
地板下可以存放货物

轮胎－185/50 18
窄低滚动阻力

后悬架
纵臂系统，优化地板下货物空间

接近角50°

纵向通过角16°

离去角50°

电动机
差动式中轨

蓄能
地板下安装电池组

后轮轴和后方乘客图
截面图

一款占用空间较小的可持续性车辆，适用于喜欢海边户外活动的年轻的家庭。

海滩小屋

curb™

这个例子很好地展示了汽车总体布置，作者是斯图尔特·梅西。很显然，这远远超出了物体绘画所需，但最重要的是要明白这是在车辆绘画中对总体布置进行思考和视觉化的一种方法。即使这是汽车的总体布置，但是将同样的思路和对部件设置的研究放在任何一个物体上都不仅仅有助于实现可信度更高的创意，而且有利于超越于物体的整体形状限制，推陈出新。

作者：斯图尔特·梅西

9.4 让创意更具弹性

我们将再次以一些随意的速写开始，寻找设计方向，然后一步步地画技巧性更强的透视结构。任何工具都可以使用圆珠笔、铅笔、马克笔、数字平板电脑，选择舒服的工具绘画即可。在开始绘画时，需要不断尝试寻找正确的信息，这种技巧需要使用颜色非常浅的马克笔。从最容易视觉化的角度画起。侧视图往往是最简单的，也可以快速地想出大量的设计，因为其不需要透视，只需要体现部分地面、车辆的投影以及较远一侧的轮胎，画面就可

以感觉更加立体。在这个阶段，想法为先，其次才是运用技巧准确地绘画。这也是练习徒手画出高质量线条的好时机。重要的是画的是什么，而不是怎样画。

这些速写大部分都是先使用Copic N-0浅灰色马克笔，再使用圆珠笔及椭圆板/圆形尺。

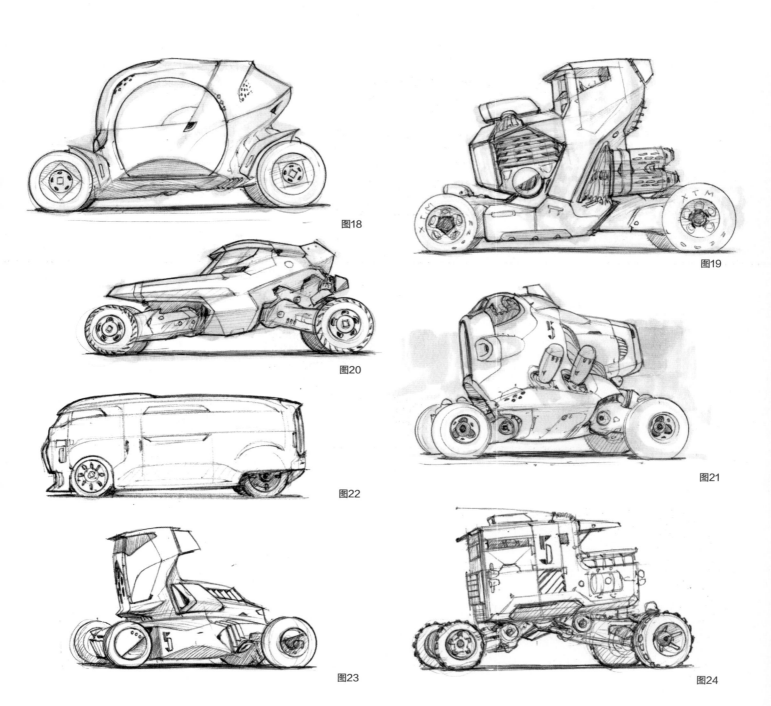

图18

图19

图20

图22

图21

图23

图24

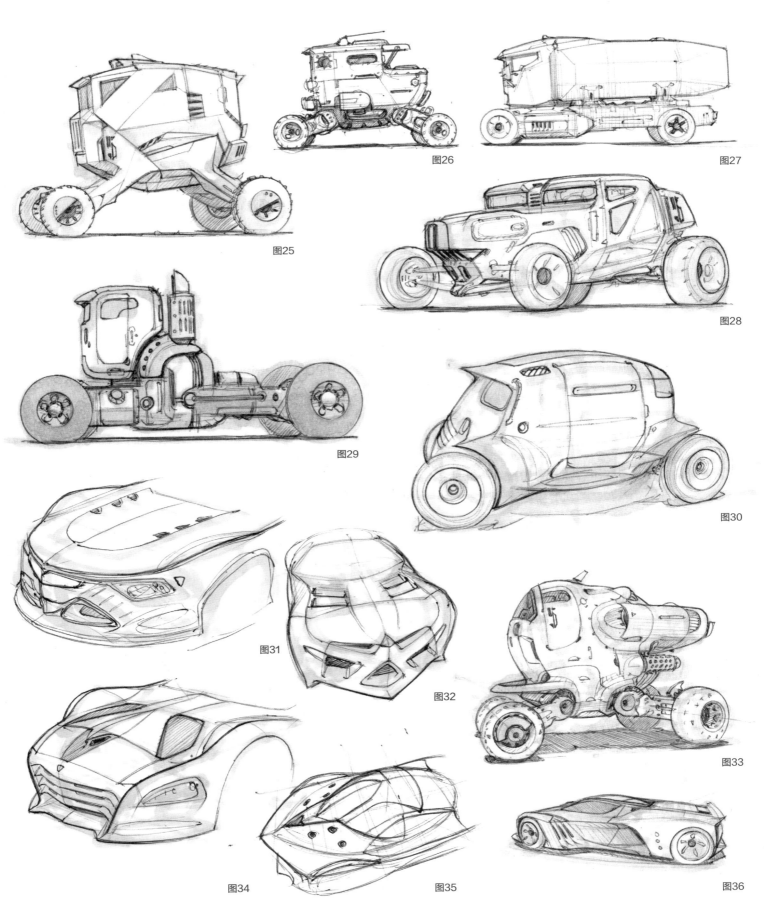

图25

图26

图27

图28

图29

图30

图31

图32

图33

图34

图35

图36

9.5 网格、网格、网格！

前文提到过，利用一个好的透视网格是画透视物体最准确的方法。以下是以车辆为中心绘制网格的几个方法。可以手绘网格，也可以简单地影印本书中的网格。

绘制车辆的透视网格时，要特别关注以下特殊的关系：a)整体高度、宽度以及车身维度所决定的边界框高度；b)车轮相对于边界框的位置和大小。车辆绘画中确保这点的正确性尤为重要，这关系到绘画作品是否成功。

以下是几个简单的网格，可以确定绘画视角和摄像机镜头，前四幅是广角镜头，底部的一幅是长镜头。

画这些网格时，将车轮放在恰当的透视绘画位置，确定轴距和整体宽度。对于轴距，注意很多车辆前后轮之间有三个车轮的空间。车辆的整体宽度相当于2.5-3个车轮直径。通常大型轿车车轮/轮胎的直径约为25英尺（1英尺≈0.3048m）或640mm。及时调整车轮尺度是确定车辆大小的最佳方法之一。

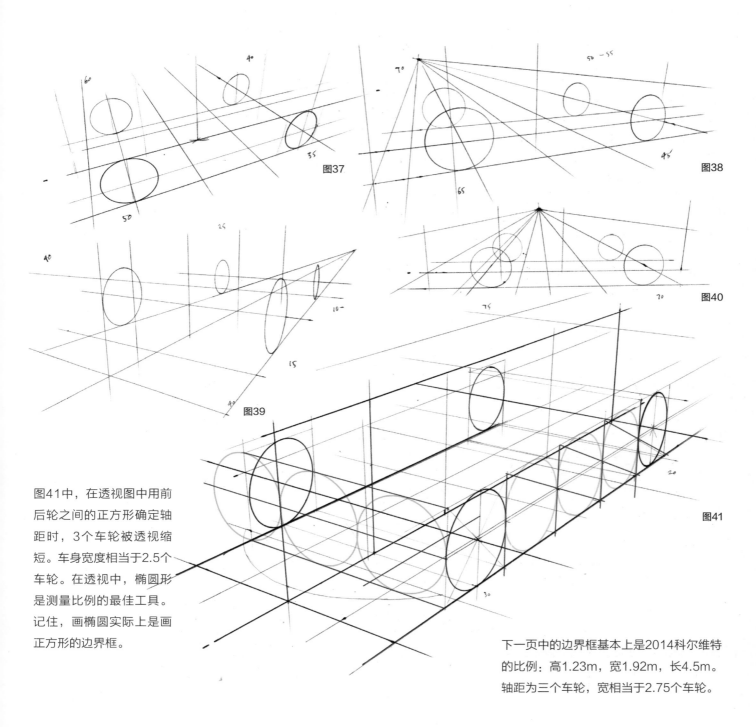

图37

图38

图39

图40

图41中，在透视图中用前后轮之间的正方形确定轴距时，3个车轮被透视缩短。车身宽度相当于2.5个车轮。在透视中，椭圆形是测量比例的最佳工具。记住，画椭圆实际上是画正方形的边界框。

图41

下一页中的边界框基本上是2014科尔维特的比例：高1.23m，宽1.92m，长4.5m。轴距为三个车轮，宽相当于2.75个车轮。

以下是MODO程序生成的几个透视网格。（可以利用透视网格设计出基本比例的程序中还有一个相对便宜甚至是免费的，那就是Sketch up。）注意广角网格（图44和图45）实际上有一些曲线光学变形。MODO和其他高端3D程序可以添加这种光学变形，但Sketch up等比较基础的程序没有这种功能的。

看本页上的网格。每个边界框的顶端都设在水平线上。这意味着视线与相机保持一致，变化的只是镜头长度。在这个底衬中，绿色的网格线确定的是地平面，蓝色线条确定的是比例正确的边界框和车轮之间的中线，橙色线条表示每个车轮的短轴，黑色线条确定的是车辆最大维度的边界框。确定这些维度的一个好方法是做些研究，找一辆与新设计车辆大小相当的现有车辆，将两者的维度对应起来。

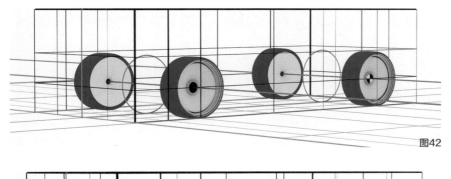

图42

100mm镜头

图42：这是这个例子中最长的镜头。边界框两个侧面的大部分区域都可以看到，但地平面就看不到这么大的面积了。用这个网格作为底衬，绘画会很简单，因为左右两侧的透视汇聚很慢。

图43

50mm镜头

图43：这个镜头趋近于肉眼敏锐的中央视力（又称中央凹视力）。这是使用起来最简单的网格，因为其感觉最自然。

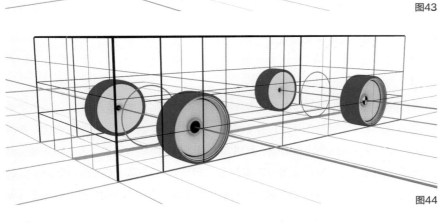

图44

35mm镜头

图44：使用这个镜头时，感觉就像观察者向车辆方向迈进一步，边界框的两个侧面透视缩短效果更强。随着透视缩短的加强，更难猜测合适的透视缩短，所以运用透视指导原则变得更加重要。同时会第一次出现一些光学变形，一些支线会稍微弯曲。

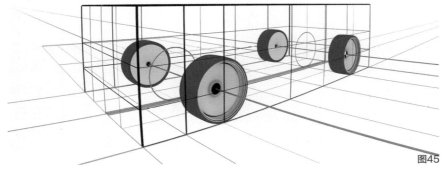

图45

22mm镜头

图45：这是一个大角度的广角镜头，光学变形非常严重。可以看到大部分的地平面，但两侧透视缩短现象严重。使用这个网格需要将大部分的注意力放在构图线上，因为该形状较远一侧大部分是看不到的。

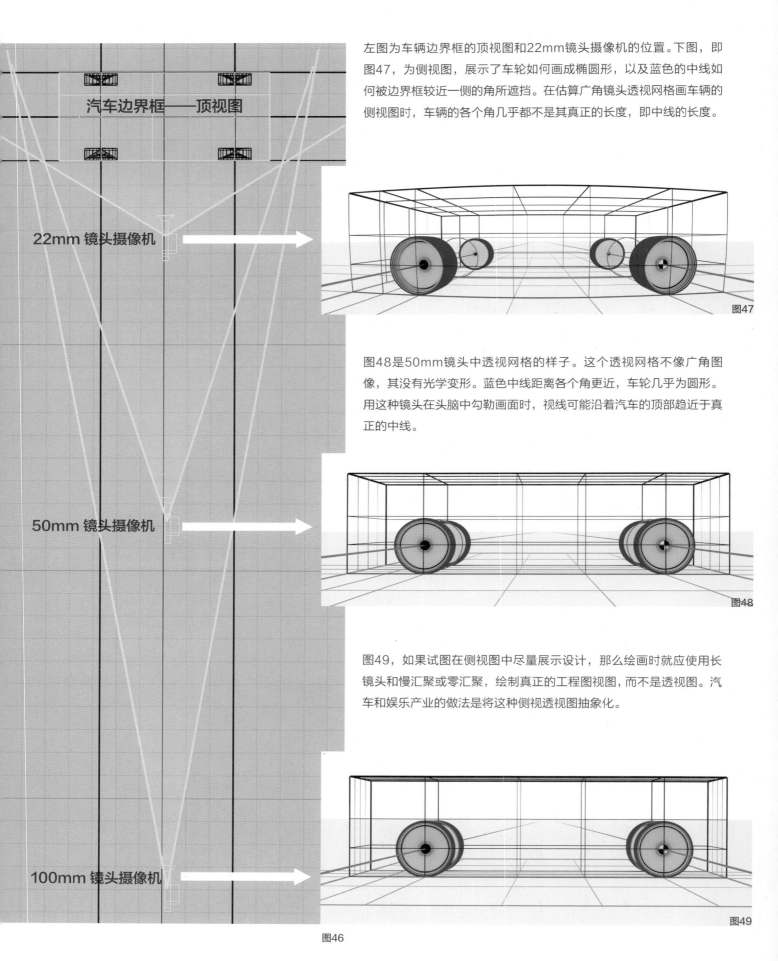

左图为车辆边界框的顶视图和22mm镜头摄像机的位置。下图，即图47，为侧视图，展示了车轮如何画成椭圆形，以及蓝色的中线如何被边界框较近一侧的角所遮挡。在估算广角镜头透视网格画车辆的侧视图时，车辆的各个角几乎都不是其真正的长度，即中线的长度。

汽车边界框——顶视图

22mm 镜头摄像机

图47

图48是50mm镜头中透视网格的样子。这个透视网格不像广角图像，其没有光学变形。蓝色中线距离各个角更近，车轮几乎为圆形。用这种镜头在头脑中勾勒画面时，视线可能沿着汽车的顶部趋近于真正的中线。

50mm 镜头摄像机

图48

图49，如果试图在侧视图中尽量展示设计，那么绘画时就应使用长镜头和慢汇聚或零汇聚，绘制真正的工程图视图，而不是透视图。汽车和娱乐产业的做法是将这种侧视透视图抽象化。

100mm 镜头摄像机

图46

图49

9.6 画透视侧视图

图50和图51：首先，画一个前轮或后轮。其次，画地平线和第二个车轮，确定轴距。第三，如果已经从前面的研究中得知了车辆的高度以及前后悬垂部分的位置，轻轻地画几条参考指导线

条，帮助你确定正确的高度和前后悬垂部分的位置。如果这只是一幅探索性的绘画，则可以跳过这些额外的指导线条。

图50

图51

图52和图53：做几个透视决定：长镜头或广角。在汽车中间设置消失点，确定车身边界框的宽度，选定镜头。如果根据消失点的位置设置可以看到足够的地面，那么在地面上画是最简单的，

例如添加投影。从消失点开始，利用指导线条画出剩余的边界框，然后在边界框的某个位置画一个×，确定中线。

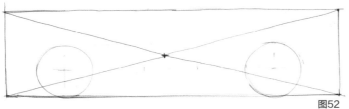

图52

消失点

图53

图54和图55：利用指向消失点的指导线条，画出汽车设计中线以及较远一侧的车轮。或者可以先画汽车的两侧，确定前后角，

再画中线，只要最后可以准确画出三部分—两侧及中线就可以。

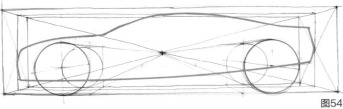

图54

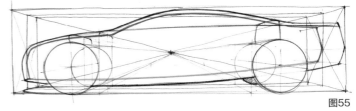

图55

图56：最后一步是为画面添加细节，如添加车身的特征线条、进气口、排气口、车窗、车门、车轮设计、前灯和尾灯（如果可见）。通过轻轻地画几个车身的X和Z截面，车身顶部、前部和

后部可以看见多大面积就确定了。如下一页所示，对摄像机镜头的选择会大大影响在透视图中除汽车侧面外还能看到这些面的多大面积。

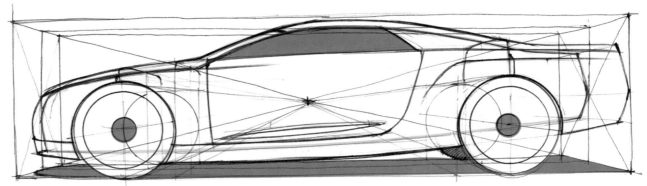

图56

9.7 画风格化的透视侧视图

抽象侧视图速写常见于专业汽车设计师的速写中，只需像使用长镜头一样画出车身。但是，之后要像使用广角镜头一样，在作品中可以看见更多的较远一侧车轮和地面深度。其融合了透视图和真正的工程图中汽车的样子。设计师运用这种抽象化或程式化使速写更动态、更有深度。当可以看见更多的较远一侧的车轮，并

在地面上添加投影时，画面就固定了，且拥有了一定维度。在画这种风格化的透视物体时，记住这不是摄像机镜头效果，物体的这种绘画方式只见于说明图中。决定用这种方式将透视图风格化时，弄明白这一概念非常重要。

- 取工程图视图中的轮廓和透视图中的车轮和投影。

- 没有看到透视X截面的影响。

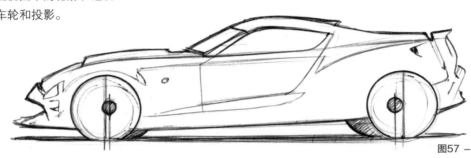

- 狭窄的地面投影说明采用了较低的视角和长镜头。较远一侧的车轮和偏置车轮说明采用了广角镜头。

图57 – 车轮钢圈画成正圆形，而不是椭圆形，说明采用了真正的工程图视图。

专业汽车设计书不会选择画技术上更加准确的侧视图的另一个原因是其比较耗时。这种混合的速写是汽车设计师对于更加准确的侧视图的速记。专业设计师知道这种侧视图只是一种风格化的形式，在现实生活中不可能生产出来。但在既定时间内，其比技术上更加准确的绘画更具视觉吸引力。同样，也可以选择快捷方式和风格。这种速写非常有趣，因为画起来速度快、寥寥

几笔就可以完成，又可以为物体带来生机，因为其是现实生活中物体的复制品。在下一页，我们可以看到同一辆汽车的四个例子，是用MODO绘制的，分别采用了28mm镜头、50mm镜头、100mm镜头和正交视图。以下两幅风格化速写就像是采用了28mm镜头制图中的车轮和地面投影，将其切割下来，粘贴到底部的正交制图中。

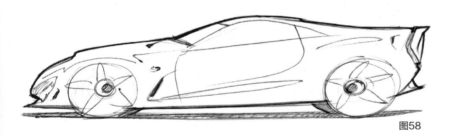

- 两幅速写都被程式化了，车轮不仅不是圆形，而且短轴旋转了90°，所产生的椭圆也并不一致。

图58

- 取长镜头中的轮廓和广角镜头中的车轮和投影。

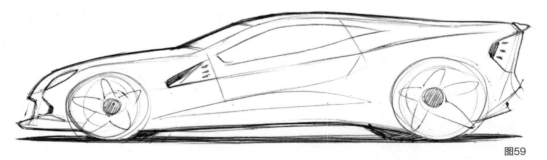

图59

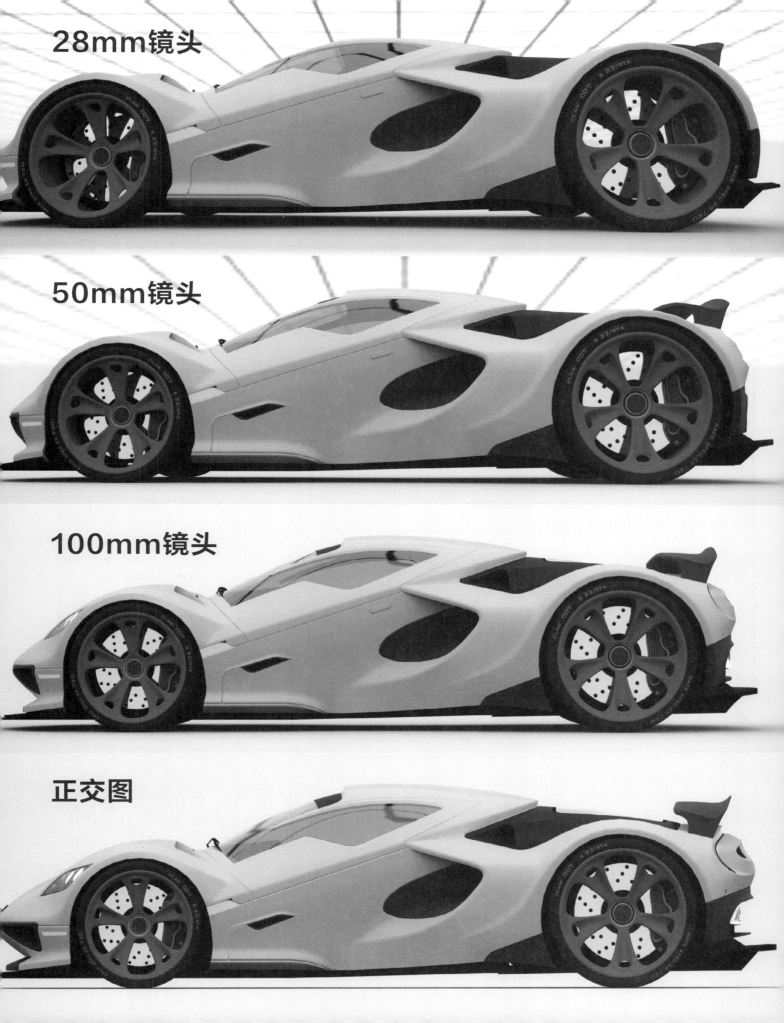

28mm镜头

50mm镜头

100mm镜头

正交图

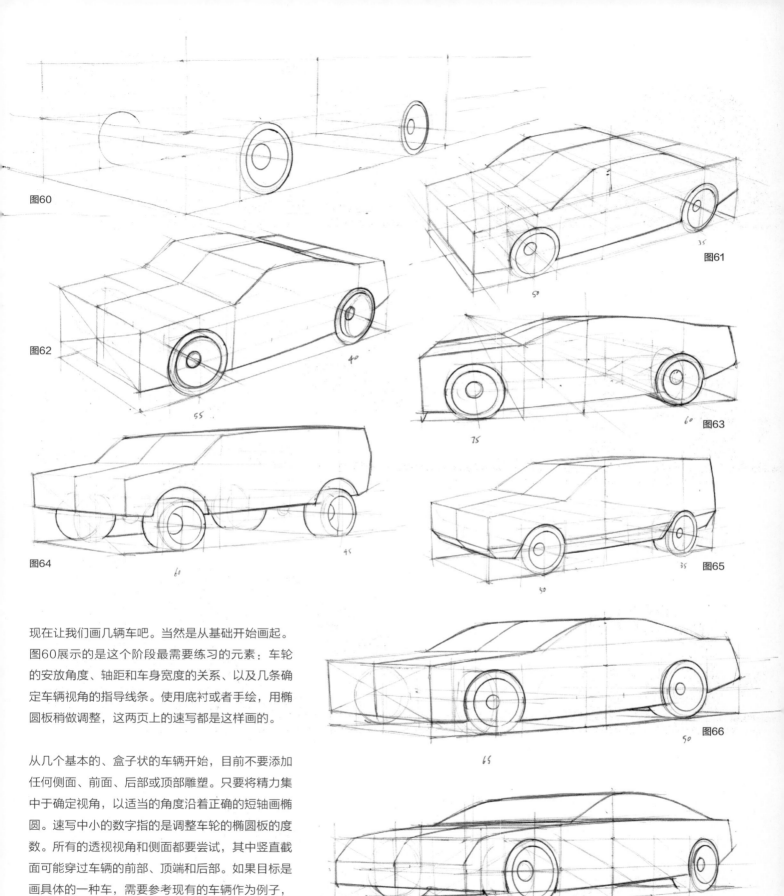

图60

图61

图62

图63

图64

图65

图66

图67

现在让我们画几辆车吧。当然是从基础开始画起。图60展示的是这个阶段最需要练习的元素：车轮的安放角度、轴距和车身宽度的关系、以及几条确定车辆视角的指导线条。使用底衬或者手绘，用椭圆板稍做调整，这两页上的速写都是这样画的。

从几个基本的、盒子状的车辆开始，目前不要添加任何侧面、前面、后部或顶部雕塑。只要将精力集中于确定视角，以适当的角度沿着正确的短轴画椭圆。速写中小的数字指的是调整车轮的椭圆板的度数。所有的透视视角和侧面都要尝试，其中竖直截面可能穿过车辆的前部、顶端和后部。如果目标是画具体的一种车，需要参考现有的车辆作为例子，找到正确的总体比例。

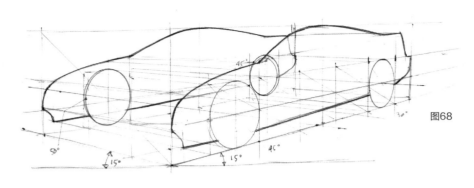
图68

特别注意车辆中线的透视缩短。其方法如将飞机的侧视图转换为透视图一样。画几条参考线作为指导线条，运用车轮是一个好办法。例如，A支柱（车身前方支撑挡风玻璃的结构支柱，确定挡风玻璃的两侧和侧面车窗的前缘）指向一个前轮，选择与其对应的一个点。这在画透视侧视图时大有裨益。随着透视缩短加剧，找到正确的整体高度和挡风玻璃角度是一项非常重要的练习，甚至比确定顶部表面的宽度还重要。

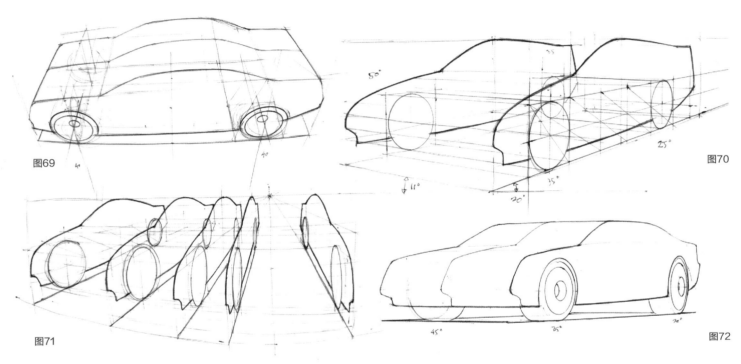
图69

图70

图71

图72

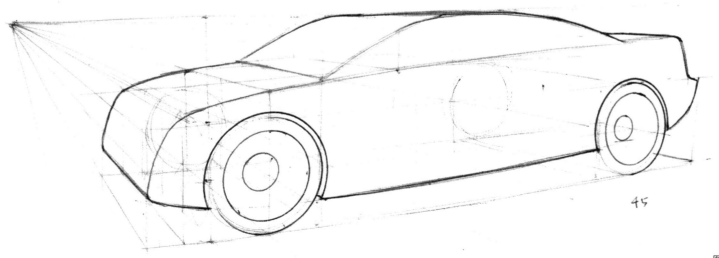

图73

9.8 基本车身雕塑

图74、图75和图76开始画时都如同前两页的速写。完成透视缩短侧视图并将其直接连接后，让一辆汽车更有型的最简单的方式是调整中线，让车辆两侧中间的X和Z面弯曲。仔细看看以下几幅图，这些更圆的图形内部，还可以看到最早画的线条。调整完中线后，需要添加X和Z面，穿过中线，形成更加弯曲的表面。

除内倾角外，玻璃顶（车窗和顶部）基本也是这样画的。内倾角是汽车侧窗在车顶处向汽车中间内部倾斜的角度。这样，A支柱在顶部的宽度就比车窗底部的宽度窄。

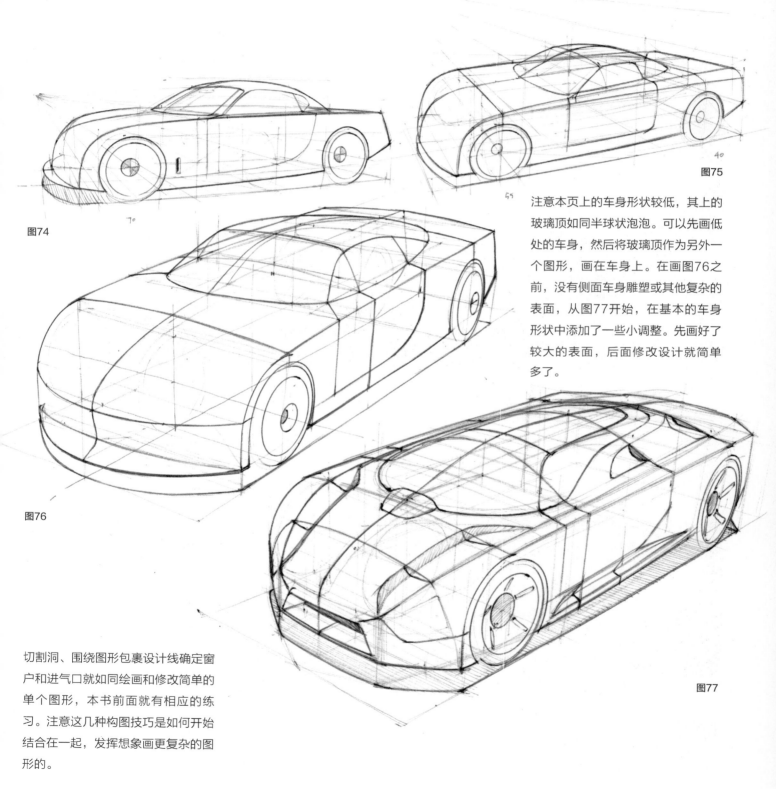

图74

图75

图76

注意本页上的车身形状较低，其上的玻璃顶如同半球状泡泡。可以先画低处的车身，然后将玻璃顶作为另外一个图形，画在车身上。在画图76之前，没有侧面车身雕塑或其他复杂的表面，从图77开始，在基本的车身形状中添加了一些小调整。先画好了较大的表面，后面修改设计就简单多了。

图77

切割洞、围绕图形包裹设计线确定窗户和进气口就如同绘画和修改简单的单个图形，本书前面就有相应的练习。注意这几种构图技巧是如何开始结合在一起，发挥想象画更复杂的图形的。

9.9 画挡风玻璃及座舱

画挡风玻璃及座舱其他部分的透视结构有两个简单的方法。一是从外向内画，依靠座舱侧面的竖直线，添加内倾角，二是从里向外画，先画中线，然后添加几个X截面，确定内倾角。

在图78中，有三条线分别用黄色、橙色和红色标注。这三条线常见于小客车中，学会怎样将其平衡、画准确，你就在令汽车绘画作品更逼真的路上迈出了一大步。黄色线条通常被称为顶线，从A柱开始向上画，然后确定车顶边缘和融入车身的过渡部分的

边缘，在这里，这条线直至汽车后部。橙色线条被称为腰线，是座舱部分和车身的交点。红色线条为肩线或挡泥板线。

在图79中，这三条线更加现代，顶线和腰线跨过整个车长，A柱隐入发动机罩中。车辆上的这类线条常被称为特征线。

图78

图79

在图80中，注意内倾角，即黄色线条。通常来说，汽车越趋近于跑车，其驾驶室的内倾角越大。另外，看看橘色线条，其表示汽车驾驶室的腰线。画好它的一个好方法是在车身形状顶部画腰

线，然后添加几个X截面、一个Y截面中线，确定轮廓。然后在表面上画出车窗形状。

图80

9.10 透视中的轮舱、车轮和轮胎

在车轮中留有移动空间，车辆看起来会更加真实。对于大多数汽车来说，后轮只是上下移动而不转动，因此后轮的轮舱可以比前轮的轮舱稍低一些。前轮需要更大的竖直空间，因为其除转动外还上下移动。车轮因悬浮而移动被称为车轮上跳。高性能公路车辆，例如跑车，其悬浮装置更加坚硬，所以轮舱可以距离轮胎更近一些。反过来，对于越野车来说，悬浮装置给了其车轮更大的竖直空间。

画好轮舱开口，最难的是预测当侧面车身截面与车轮开口相交时是如何影响车轮开口形状的。最简单的方法是想象一个凸出的水平圆柱体（或从汽车侧面看，轮舱形状看起来像什么），从轮胎内部的面开始向外延展。车辆侧面的几条截面线条与凸出的轮舱形状截面线条相交。这两个形状的相交部分即汽车侧面的轮舱开口。练习这个结构可以帮助你更好地猜测，画好侧面车身/轮舱开口。

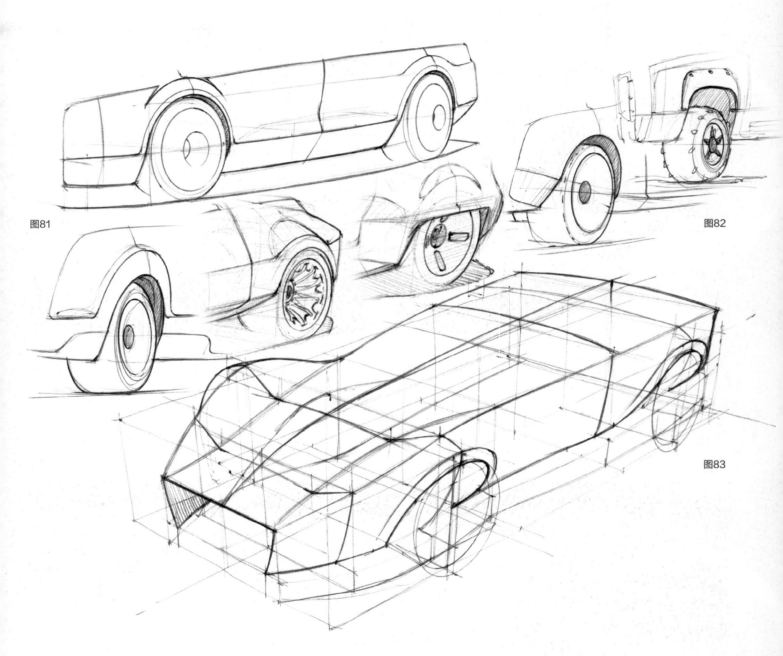

图81

图82

图83

图83：这个结构类似于本书第89页的结构，都是关于相交图形和在表面上挖洞。时刻谨记，即使只画了一条线，其也代表两个表面的相交处。

9.11 普通的汽车线条

观察现代乘用车，画几幅速写，只是为了了解一辆汽车的表面可能有多少特征线，彼此又是如何相互影响，从而使汽车的比例更加协调的。如果要设计出独具特色的现代感车辆，习惯画这些线条是不可或缺的。以下的例子是第87页讲解过的双曲线联合体（红色线条）。这两条线在当今的汽车中非常常见，历史上很多汽车也是如此。从汽车前部开始，因为引擎盖上的设计线弯曲确定A柱线条和车顶侧面，然后沿C柱侧面向下直至车身（柱体支撑一辆汽车的车顶，依次用A、B、C等字母表示，A柱代表挡风玻璃上的第一个柱体，B柱代表第二个，依次类推）。

以前，这两条线不大可能逐渐融入柱体和车顶，而会保持在较低的位置，确定腰线。这些线条出自引擎盖和车身中，沿着柱体向上，直至车顶，从中我们可以看到设计师对车身的普通线条进行了微小的调整，更具现代感，可以满足市场对于汽车风格变化的需求。画出具有现代感、符合真实世界风格而又独具创造性的汽车类型，需要勤加练习，培养平衡和协调这些线条的敏锐能力，保证车身形状的现代感。可以先学习和练习透视绘画技巧，随着技巧的提高，多画一些复杂的形状。

图84

大多数车身外形历经多年的调整，延续着生产商的品牌吸引力。这些极为精致的外型曲面的设计师们在探索新设计的轮廓、比例、仪态、图形、细节、过渡形状、材质、颜色和质感时，必须全盘考虑汽车工程限制（这种情况很多，画一幅画要考虑的实在太多了）。更现实的是，将这些速写看作施工图，可以用叠加的方式不断地修改和调整，直至风格开始符合设计任务（例如：电子游戏和电影中的故事情节）。

每一次叠加、每一次画的设计研究，都可以使用本书中的一些基本的透视技巧。随着这些透视技巧的提高，你的大脑将有更多的空间去考虑设计，而不只是透视结构，这样，所设计物体的最初的几幅速写看起来就更具吸引力了。

一条线上多个弯曲

通过与黑色顶线相呼应的黄色线条，我们注意到顶线从汽车前部开始移动至引擎盖，然后沿着A柱向上直至车顶，沿着C柱向下直至行李箱，最后沿着汽车后部向下。在画这种线条时，将其想象为一个很好的双曲线联合体，并将其向另一侧映射。

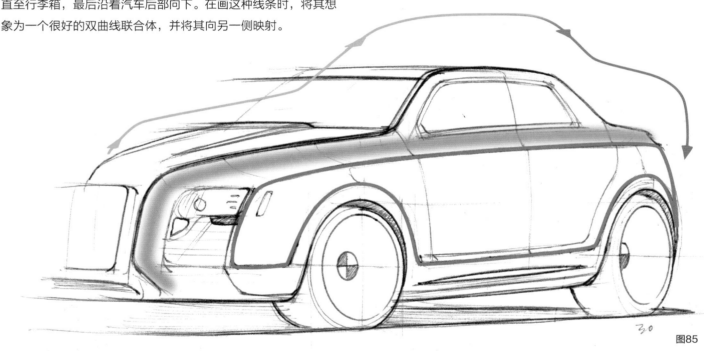

图85

连续的线条

观察这幅汽车速写中确定最大体积的三条主要线条：与浮在上方的黄色线条相呼应的黑色顶线、将座舱形状融入车身侧面的淡蓝色腰线，以及确定腰、角、轮舱弧度和车身较低部分（又称门下围板区域）的红色侧面车身线条。这些覆盖整个车皮的连续线条常见于很多德国汽车，特别是2014大众捷达。即使汽车过渡性的半径和圆角都非常平滑，看不见较硬边缘的线条，但这些线仍

然可以看见。这就意味着当你在一个表面上添加半径时，应保证即将融合在一起的表面都尽可能真实。如果先用较明显的转折线确定这些面，那么评估一下这些相交的平面所产生的线条，放心大胆地在边缘下方添加圆角或半径吧。这种透视绘画特别像物理建模，无论这个体积是用黏土构建的还是用环形锯从原木上切割出来的。刚开始时，一次完善一幅草图，最后添加过渡形状。

9.12 汽车绘画结构，网格步骤解析

首先，构建一个准确的透视网格。使用诸如MODO等3D建模程序构建一个边界框，比例为宽1.92m、高1.23m、长4.5m。选择视角，边界框的顶部与水平线对齐，摄像机镜头为50mm。然后，将量角器放在计算机屏幕上，围绕边界框的视角轻微移动，直至基本对齐，方便在以下步骤中手绘。

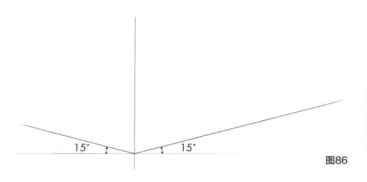

图86

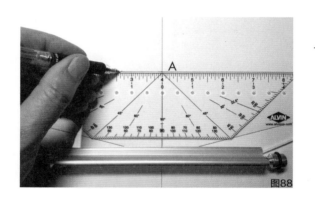

图87

第一步，图86：画一条竖直线和一条水平线。在这两条线的焦点处，从水平线开始画两个15°的角，形成边界框底部-前方的角。

第二步，图87：按1：1.618的比例，即黄金比例，分割竖直线。如果你总是想按照这个比例分割距离，可以购买或制作这种比例的分割尺。

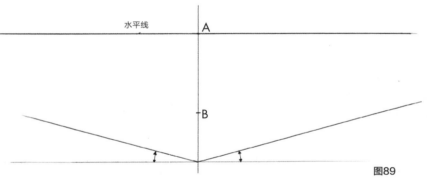

图88

图89

第三步，图88和89：在顶点（A）画一条水平线。

图90

等分尺

要想在这个网格中添加更多的透视指导线条，用一个等分尺对竖直线条进行分割，如上图所示。这件工具可以轻松地平均分割水平线与向左消失点和右消失点汇聚的线条之间的垂直距离。

将分割点放在速写的最左侧、靠近中间位置，确定前角的竖直线条、最右侧。将这些距离平均分割后就可以添加新的相交的指导线条了。

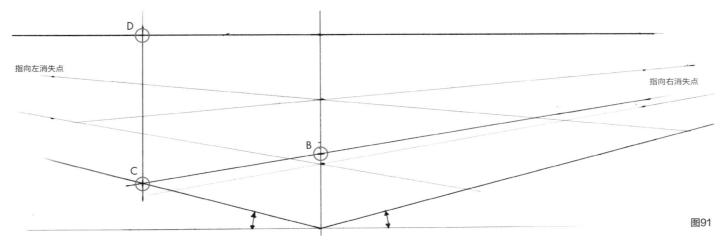

指向左消失点

指向右消失点

图91

第四步，图91：参考新的指导线条，从右消失点开始，穿过B点画一条新的透视线条，B点即第二步的中点。延长该线条，其与

指向左消失点的底部线条的交点即C点。从C点开始画一条竖直线，边界框较远的一侧就画好了，比例为高1、宽1.56。

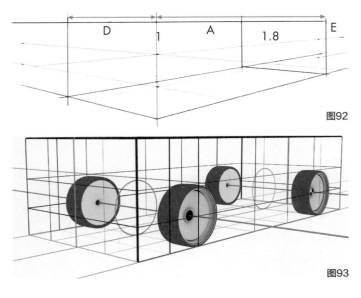

图92

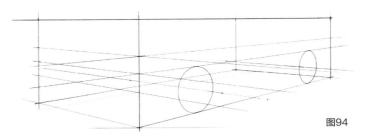

图94

第五步，图92：要确定边界框的长，在水平线上确定一个点（E），它是前角（A）到D点实际测量宽度的1.8倍。穿过边界框，运用指导线条找到后角。

第六步，图94：在边界框较近一侧的长边上添加车轮。注意对于图93中计算机生成的三点透视网格来说，这个边界框是两点透视。这种简化的方式可以将竖直线条中的交汇抽出来，网格构建就简单多了。顺便提一句，这个边界框的比例大约是2014克尔维特的比例。

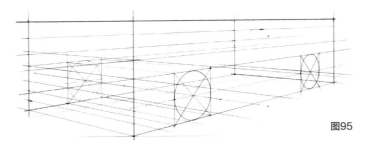

图95

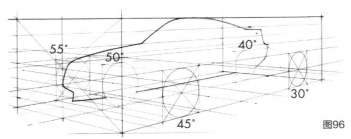

图96

第七步，图95：围绕较近一侧的车轮画透视框，再次确认椭圆的度数是否正确。然后，将较近一侧的透视正方形转移至边界框较远的一侧。新构建的这些透视正方形即为椭圆的恰当度数。

第八步，图96：运用较近一侧的透视正方形，确定汽车中线上椭圆的大小和度数。将车轮放置在中线面上后，用这些车轮来帮助画汽车的中线。现在可以调整汽车的整体比例、中线及车轮位置了，否则添加其他截面之后，要进行调整就更难了。

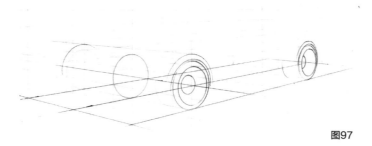

图97

图98

第九步，图97：运用前面章节中的网格作为底衬，尽可能准确地构建汽车图形。先画车轮，因为大部分车身都与车轮比例密切相关。这里，不仅要把轮胎和车轮补充进去，轮舱、甚至是映射轮舱的设计线也要开始下笔了。

第十步，图98：如第八步，在中线面上轻轻画出前轮，画汽车中线时作为参考。

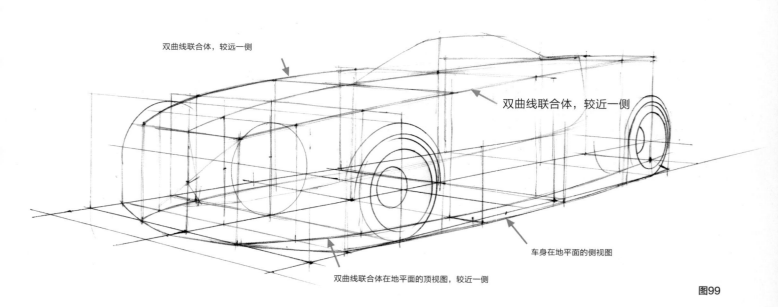

双曲线联合体，较远一侧

双曲线联合体，较近一侧

车身在地平面的侧视图

双曲线联合体在地平面的顶视图，较近一侧

图99

第十一步，图99：这个例子中的车身构图恰好是一个从内向外画截面的练习（而不是先画侧面，再画将其切割进去）。上图是一个基础的双曲线联合体结构，早在第89页画X-Y-Z截面的章节中就介绍过。在地平面上有一个可视的双曲线顶视图，透视线条为这些线条和第二步中侧视图的投射结合。地平面上还有一条顶视曲线，代表较近一侧顶视图的最宽部分。注意这个顶视图

也包含轮胎的顶视图。这幅图与实物的绘画比例为1：1。对于基本构图来说，这个比例是可以的，但是要添加细节，如前灯、网格和车轮等，最好利用复印机将绘画区域放大，然后在其上加描。对于大小来说，汽车的这种细节区域过小，难以画准确。记住，这些透视结构是工作设计图，以后会反复用到，要提高设计质量，直至达到预期设计目标。

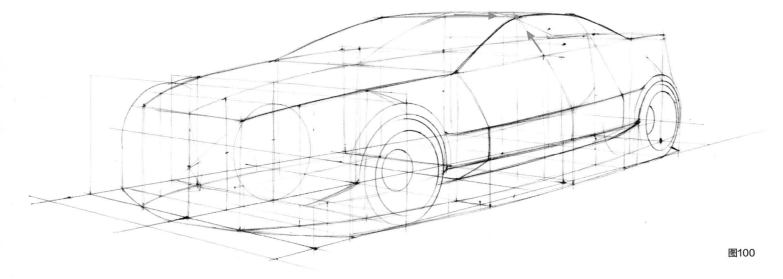

图100

第十二步，图100：画车身侧面的X截面，然后将其向上延长，直至其与向外投射的中线相交，如红色箭头所示，这样顶部线条和A、B、C支柱便画好了。投射的中线确定了侧视图。X截面确定了内倾角，即侧面玻璃表面向内倾斜至中线的角。用X截面确定挡风玻璃底部的宽和顶部的宽，挡风玻璃的锥度就更容易确定

了。常见的错误是因为内倾角的影响而画错了锥度，因此只需将一个X截面放置在挡风玻璃的顶部，将另一个X截面放置在底部，从而确定锥度。在这个阶段，以下任意一种方法都可以将X截面映射至较远的一侧：对角线法、边框法、猜测法等。另外，注意这些X截面与轮舱形状相交并相互影响。

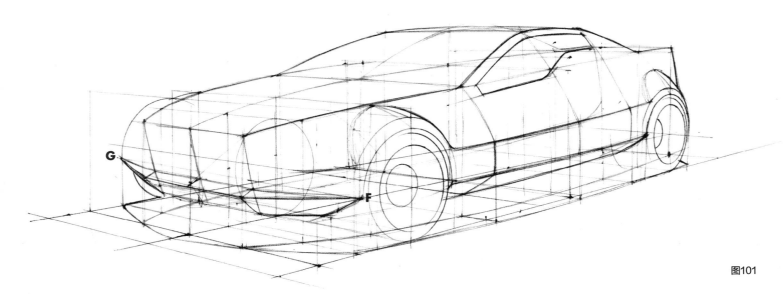

图101

第十三步，图101：在汽车前部跨整个宽度的位置添加第一个Z面。该结构先画一条透视指导直线，起点为轮舱，终点为左消失点（F到G）。然后添加Z面的顶视截面，将这个刚刚开始出现的小凸起延长。双曲线联合体的前部确定后，从这里开始直至轮舱的体积就可以添加进去了。如果将其延展至轮舱的上半部分，车身侧面的截面将在轮舱弧形的上半部分将其向中线切割。要避免这种情况，轮舱弧形需要一个新的表面，将其与侧面车身截面连接并融合。构建这些新的表面，隐藏轮胎顶部，就像将任意一条

曲线投射至一个表面，只是这次不是直线透视，而是将轮舱边缘曲线向车身方向投射，然后用一个圆角将两个形状融合在一起。另外，还可以添加侧窗形状。注意其与A柱和顶线呼应，然后沿侧面车身向下确定车窗图形的底部线条。添加车窗和门时，需要考虑车辆的内部结构，如将车窗和车门放在何处，需要多厚才足够坚硬。在绘画时添加这些小间隙和厚度，你画的车辆看起来就更加真实了。

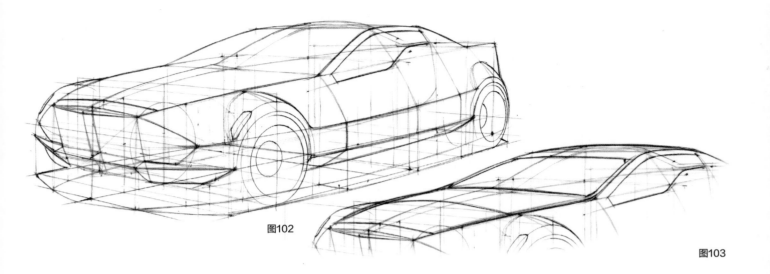

图102

图103

第十四步，图102：调整中线，在穿过汽车顶部的X截面和穿过汽车前部的Z截面上添加其他体积。特别注意挡风玻璃底部与引擎盖连接的部分是如何成为相交线而非X或Z面的普通截面线条的。现在继续画出前灯形状的草图，同时在轮舱弧形升高的表面前方画几个拐弯标记。

第十五步，图103：根据新的中线，重新确定X和Z截面（红色线条）。在这个阶段，基础的车身表面都已经确定完成，可以添加其他细节了。既然已经添加了X截面，现在可以调整车顶的轮廓，确定最后的线条了。

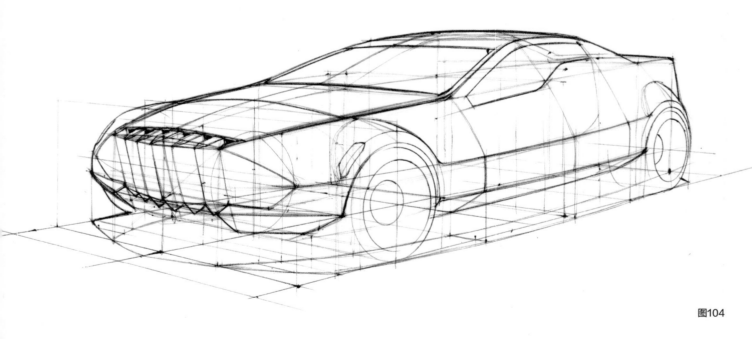

图104

第十六步，图104：对于这个具体的设计，其故事情节要求这辆汽车有些复古又稍显怪异。让我们用接下来添加的细节实现这一目的。在前方叠加一个带有竖直叶片网格，帮助我们实现预期的怪异感。首先，将中线两侧的网格区域大致三等分，确定每个叶片竖直前沿的位置。画类似这种大型网格翅的时候，只需将每一个网格翅看作一个新的体积，先画其自身的中线，然后画几个X截面，添加这个网格翅的体积。其实际上与画车身本身用的是一种形状，只是比例小一些。

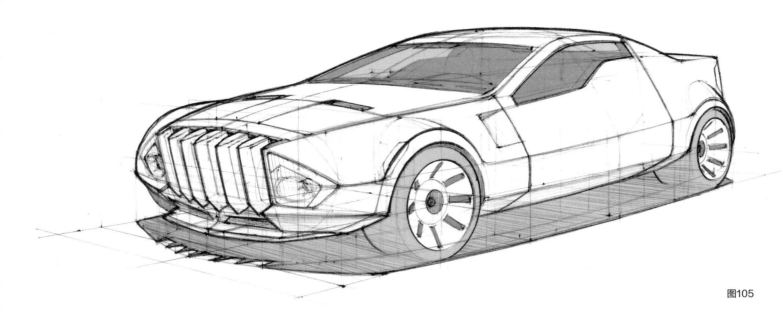

图105

第十七步，图105：确定一下是否需要在叠层上加描，这样画面干净整洁，便于展示（如第149页上画飞机就用过加描），或者说这幅工作图就够用了。在这个例子中，通过加粗线条来强调叠加的图形。内饰、车窗、轮胎和倒影上都添加了一点平值。阴影形状可以帮助观察者更好地理解物体的顶视图，即使其透视视角非常低。除线条外，还添加了其他细节，如前汽坝、前灯、车轮细节、引擎盖、前轮舱后方的侧盖。现在这幅速写可以准确地传达透视汽车体积的效果，通过叠加，还可能轻松画出或重新画其他更具风格的变形。

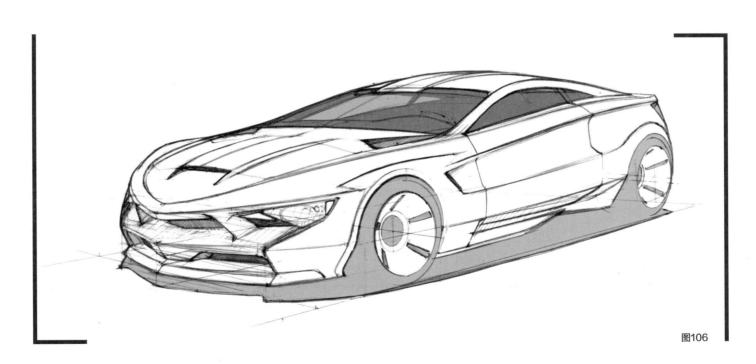

图106

第十八步，图106：设计任务有所改变，现在的设计需求更加偏向跑车。没问题！在前几步中，所有基本透视已经完成，因此只需将原来的设计图垫在一张透明纸下面，在其上加描，运用相同的透视指导线条改变汽车风格。最好在一叠纸上绘画，因为这样两张绘画纸就都有垫层了。垫纸也可以起到将底衬固定牢靠的作用，绘画时不会随便移动。在叠层上加描时，透视绘画的步骤不变，有所变化的只是形状。在图106中，车头稍微变长，并有所下降，后轮比前轮稍大，除此之外，几乎所有内容都保持不变。如果你的目的是提高透视绘画技巧，更好地传达设计内容，提高设计能力，使用叠层是快速画出大量不同风格变形的一种非常有效的方法。

9.13 用广角镜头画车辆

广角镜头透视网格是车辆设计师常用的方法，会大大影响广告和照片中汽车的效果。运用广角照相机镜头可以将透视网格围在一个曲线空间内，使汽车看起来更具有戏剧性，而这种效果是肉眼无法做到的。这样的图片对我们的大脑极具欺骗性。因为我们只能用广角设想看到这种效果，用这种方式绘画可以传达出类似这些照片所传达的情感。用曲线网格和直线网格画汽车有些细微差别（回顾第61页），主要在于网格如何构建，绘画时使用哪一部分网格。创建车辆绘画网格最简单、最常用的方法是将摄像机镜头放在图片框的中间。

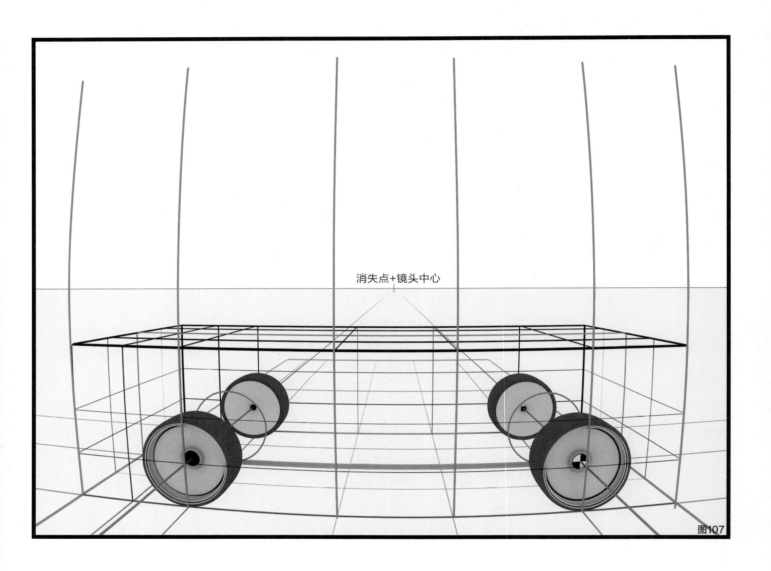

消失点+镜头中心

图107

将水平线和消失点放在中间，从消失点向外散发的所有线条都会弯曲。这样绘画和截面映射就简单多了。透视网格中的竖直和水平线条好像围绕一个球体弯曲。镜头长度越短，线条越偏离图像中间，弯曲度越高。这种网格需要考虑左、右、上、下、正中间五个消失点。观察以上网格中的交汇和五个消失点的影响。需要理解的最微妙的注意事项是所画物体由于过度弯曲而看起来不自然的照片以及绘画作品本身都可以进行裁剪，较长的曲线网格中只有一小部分是可见的，产生的图像就会令人感到奇怪。因此，如果你想让广角镜头网格感觉更加自然，试试将物体放在框架中间，添加一些背景元素来强化镜头效果而不要裁剪网格。但因为创意原因，有时会故意选择这种不自然的、弯曲的透视，如下一页的例子。

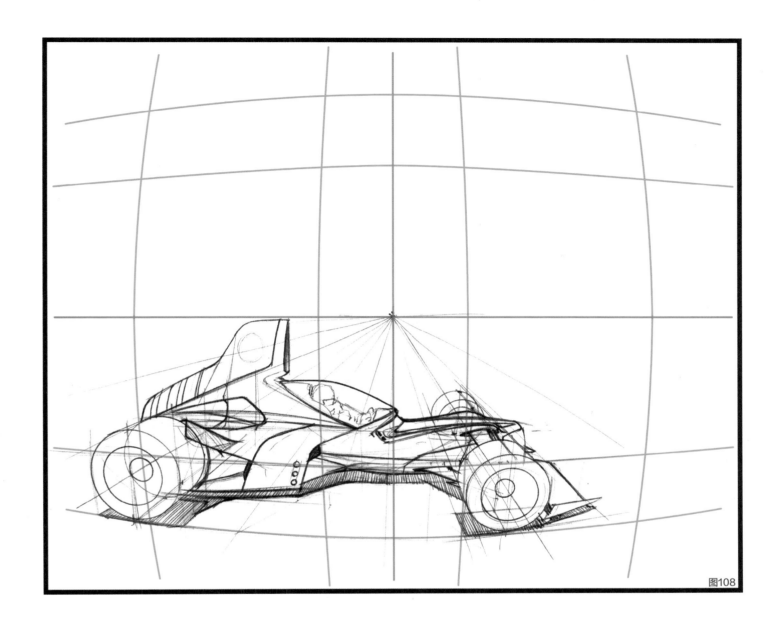

图108

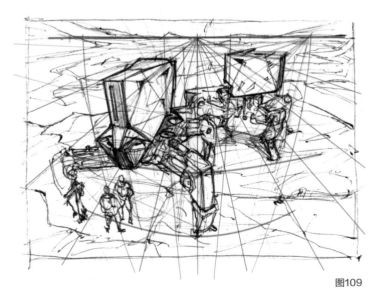

图109

画赛车的网格（图108）是一个合适的曲线网格，但仅使用了左侧的下半部分。照片中这种情况只会出现在拍完照片后进行裁剪时。

图109也是如此。如果这是一幅运用了广角镜头的全帧画面，那么水平线就会弯曲，因为水平线距离图像中心太远。其并没有弯曲，所以一定是一个裁剪的广角镜头曲线网格。看看最远处的机械腿，就会发现是多了两个消失点。从透视技巧上来说，这些指导线条应该是弯曲的，但因为距离近将其画成直线即可。看看根据网格中这些弯曲的竖直指导线条，注意所绘的机械、人物和环境。在剪裁这些广角镜头时，图像依然是一个重要的概念，因为它使你的设计独具风格。所有的透视绘画结构都一样，其只是使用了极度弯曲的透视网格。

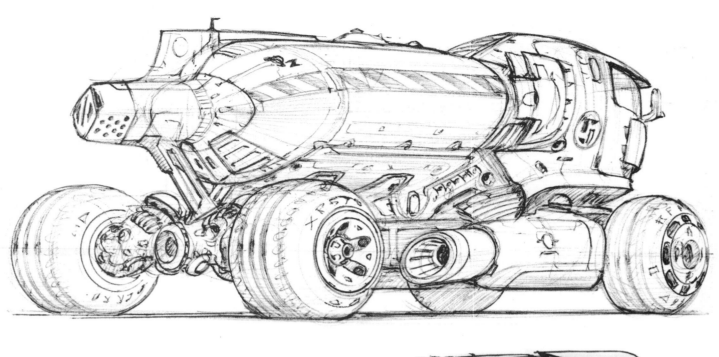

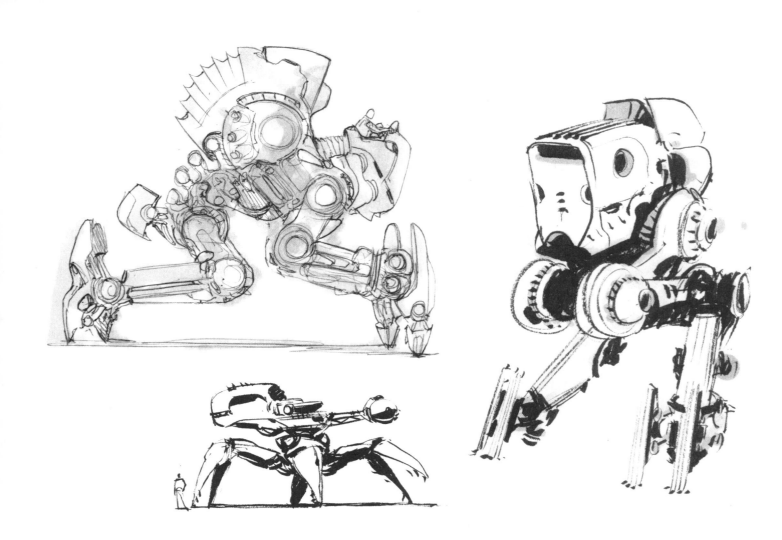

第10章　速写风格和工具

绘画的趣味之一便是尝试不同的工具。一支合适的笔、一个合适的速写本，笔墨可以完美结合，似乎都是一种永无止境的追求。因此在过去的二十年里，我们也是如此，抱着好奇心不断探索笔和纸。本章将分享我们喜欢的一些工具，以及利用这些工具可以实现的绘画风格。选择一种可以将每一种工具的作用最大化的风格。例如，石墨铅笔容易模糊，那么画渐变效果就容易多了，而且石墨铅笔也容易擦除。应该将这些特征视为便利的条件（捷径），充分利用到绘画过程中。

与本书中大部分绘画不同，本章的速写运用了很多绘画值，并不是严格意义上的线性绘画。在这里，并不是绘画练习，而是透视绘画和设计想法的结合。这些速写中对于明暗关系的应用是为了说明在进行颜色较深的线性绘画前有能力探索设计方向。所有速写从根本上说都运用了强烈的透视绘画技巧，否则任何明暗关系或颜色的添加都无法提高其外形的吸引力，添加明暗关系的详细教程和运用不同工具的步骤解析在本系列的第二本书《产品渲染技法全教程》中都会涉及。

发现优秀的艺术工具就像一次寻宝之旅。找到心仪的工具时，多买一些以备未来不时之需，因为当这些产品停止供应时——经常如此——你确实会感到伤心。

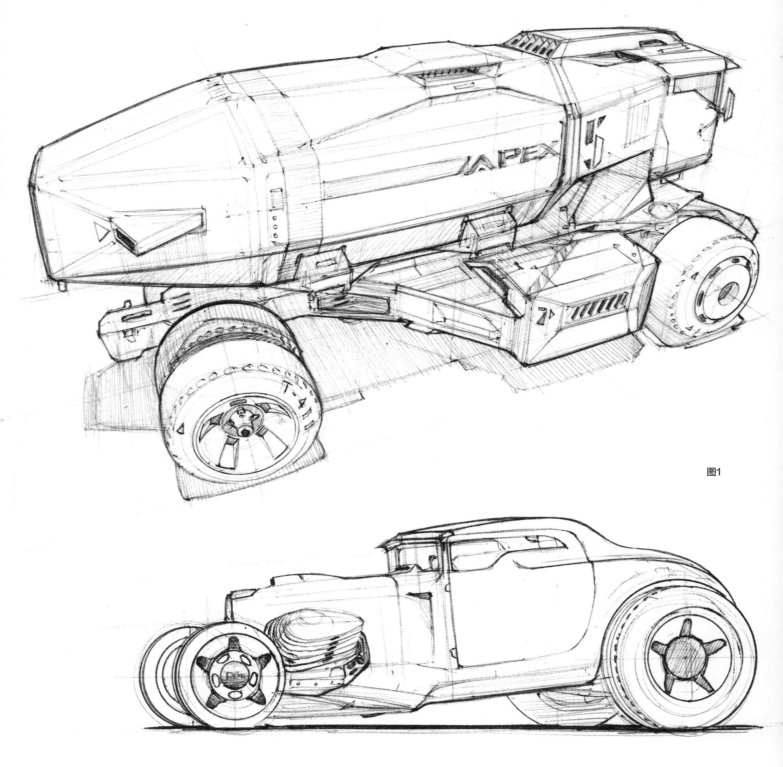

图1

图2

10.1 圆珠笔

圆珠笔的用途不仅局限于在支票上签字或罗列待办清单。将其用在并不顺滑的纸上，例如Strthmore速写本，或其他任意一种表面有些粗糙的纸张，圆珠笔就会真正活起来。轻轻下笔，线条颜色非常浅。在考虑即将画的下一条线时，一定要将笔尖在放置于一旁的纸巾或旧抹布上沾一下。这个好习惯可以防止墨水在笔尖堆积，在画一幅鸿篇巨制的图时，防止墨水滴下。

图3

图4

图5

图6

图7

图8

10.2 COPIC马克笔+圆珠笔

这个技巧在本书中反复使用过，先用浅灰色Copic马克笔，如C-0、N-0或T-0勾勒出形状。画出轮廓草图，添加指导线条，然后再用圆珠笔画出最终的线条。在添加圆珠笔之后再用马克笔绘画时就要小心了，因为很容易弄脏，大多数圆珠笔线条会变成紫色。要绘制物体，最好在影印件上绘制，或者扫描后用电脑绘制。

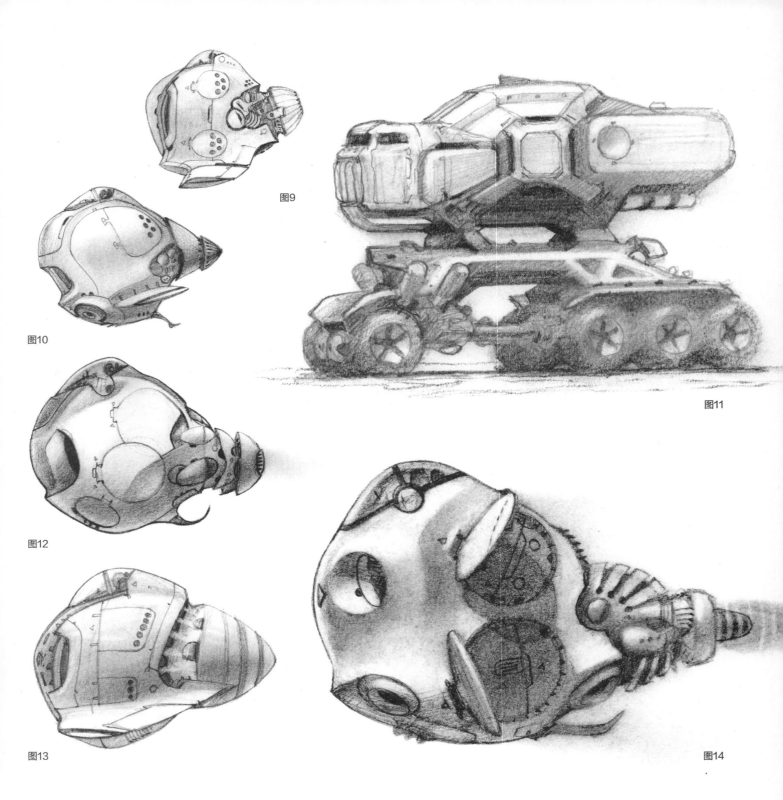

图9

图10

图11

图12

图13

图14

10.3 石墨铅笔

石墨是一种极为灵活的绘画媒介，用习惯后会觉得其非常好用。因为绘画时石墨很容易将画面弄脏，不如充分利用，化缺点为优点：用Webril垫子或其他物件做模糊处理或在绘画中添加值。随着图形的变化，大脑忙于理解值的变化而应接不暇，因此只需利用值的变化，在值的转换中找到形状。形状画好后，开始用线条对其进行进一步完善。完成一幅好的石墨画后，一定要喷洒少许Krylon固色剂，防止弄脏画面。记住喷洒固色剂之后就很难擦除了。

作者：罗伊·桑图尔
图15

10.4 彩色铅笔

如果你喜欢用铅笔绘画的感觉，但铅笔颜色又不够深，尝试一下彩色铅笔吧。这些铅笔中最好的是辉柏嘉制造的奶油般顺滑的Polychromos系列，其不容易擦除，所以下笔要轻。与石墨铅笔一样，其也会弄脏画面，所以画渐变的一个简单方法是用铅笔的侧面绘画。彩色铅笔是最灵活的绘画工具之一。

彩色铅笔的基底材料是蜡，因此最好不要用马克笔覆盖，因为马克笔墨水中的酒精会将蜡溶解，堵塞笔尖，这样一支昂贵的马克笔就毁了。如果先用马克笔，再用彩色铅笔，两者结合就会产生奇妙的效果。

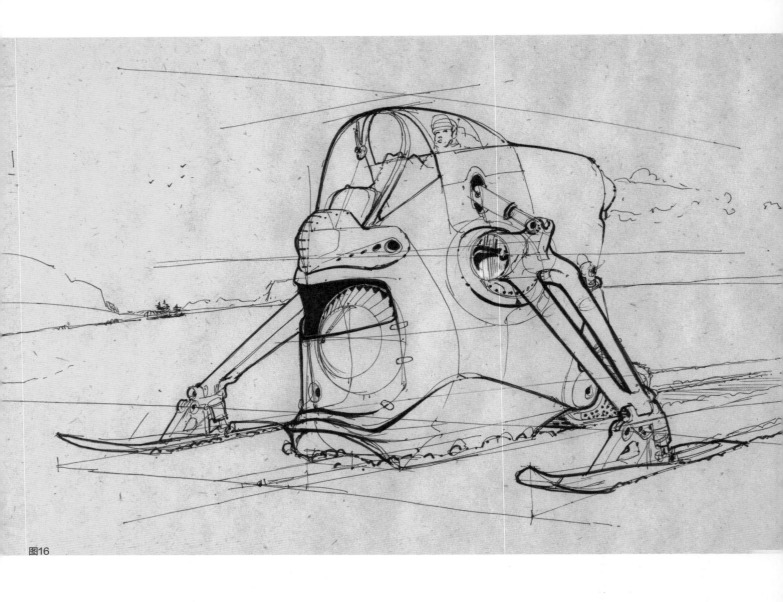

图16

10.5 百乐高科技笔与新闻纸

这支高科技笔性能优异，原因很多。墨迹干涸后，可以叠加马克笔，钢化笔尖不会弯曲，也不会因为磨损而降低线条质量，线条粗细和颜色的选择很多，且线宽坚实稳定。在一张吸水性好的纸上，如新闻纸或带有一定量的齿（粗糙性）的铜版纸上，试试这支笔。如果纸张过于顺滑，如牛皮纸或描图纸，墨迹干涸需要很长时间，绘画时意外弄脏的可能性就更高。注意新闻纸不易保存，容易褪色，但绘画感觉很好。这幅速写中最粗的线条就是用高科技笔画的。

图17

图18

图19

图20

图21

图22

图23

10.6 马克笔+百乐高科技笔

这里是使用Copic马克笔和黑色百乐高科技笔的几个例子。绘画完成后，用了一点温莎&牛顿永久性白色水粉来清洁部分白色区域。与第189页上的马克笔加圆珠笔的例子相比，这更像是全颜色明暗关系速写，在这支笔上叠加马克笔不会弄脏画面，最好充分利用这一优势。

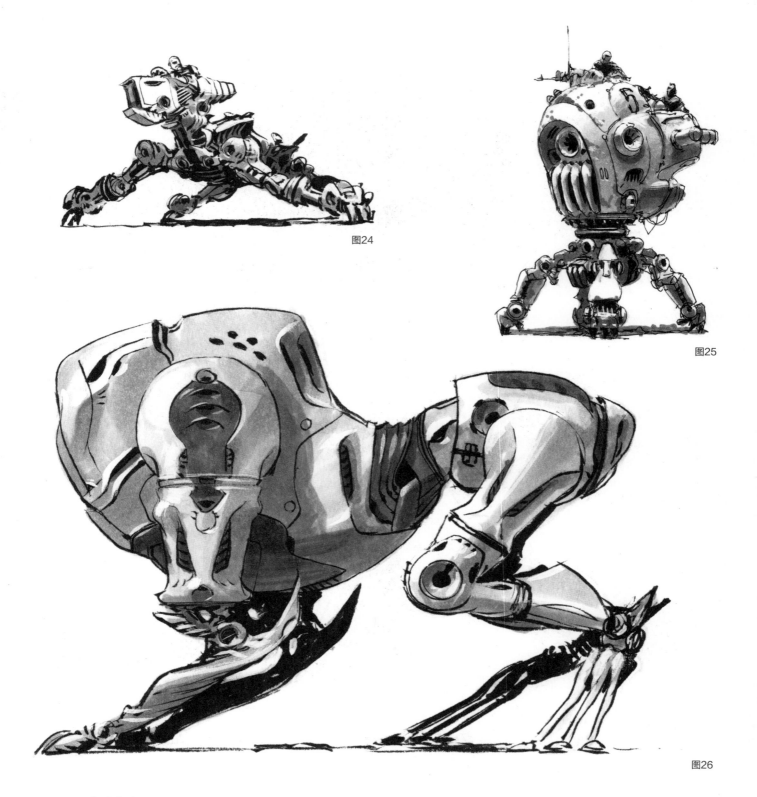

图24

图25

图26

10.7 淡蓝色彩色铅笔+马克笔+毛笔

动画设计师在画指导线条草图时，一个经典的技巧就是先用淡蓝色彩色铅笔，再用黑色墨水，然后影印或复印，这样淡蓝色线条就会消失。这里的几个例子进行了彩色扫描，所以蓝色铅笔指导线条依然清晰可见。顺序非常重要，首先用淡蓝色铅笔画出速写，接下来是马克笔，然后是墨水线条。如果墨水笔没有弄脏画面，再接着用马克笔绘画。如果淡蓝色铅笔速写颜色足够浅，可以用马克笔加描，但还会存在损坏笔头的问题。

图27

图28

图29

10.8 派通秀丽笔

这支全能型的笔可以画出粗细不同的黑色墨水线条。其毛尖类似真正的漆刷，如果下笔极其轻，就可以画出非常细的线条。对于下笔重的人来说，用这支笔可以强迫其养成轻轻下笔的习惯。对于初学者来说并不算理想，因为需要多加练习才能将其运用娴熟，因为每一条线都是纯黑色，画线条之前很难进行试探性绘画。另一方面，运用这支笔可以在绘画前强迫自己思考并将线条预视觉化，因为一旦落在纸上，就永远在那里了。

图30

图31

图32

10.9 马克笔+钢笔+水粉

图30和图31中使用了Copic马克笔和百乐高科技笔（0.25mm 和0.5mm），然后用水粉对轮廓进行了清理。水粉是理想的清洁工具，因为其不透明，可以掩盖速写早期留下的马克笔笔迹。

图30中用了蓝色、白色和黑色水粉，图31中仅用到了黑色和白色水粉。图32是用圆珠笔画的，然后再用水粉清理了顶部，添加了些许图片颜色的韵味。

图33

图34

10.10 百乐高科技笔+水粉与插图纸板

如果觉得毛笔和湿性工具更具吸引力，并且认为形状比线条更简单，可以试试水粉或水性漆。这些速写使用的是卡顿伍德艺术插图纸板，图33仅使用了温莎&牛顿亮黑色和永久性白色水粉，

图34使用了水粉和百乐钢笔。仍然需要对所有的透视结构做预视觉化，这样可以比较有把握地猜测物体的透视，没有看得见的指导线条反而更容易隐藏可能会产生的透视。

图35

10.11 淡色纸+混合工具

虽然这幅图经过了大幅度绘制，其依然是一幅速写，主要是因为部分轮廓线仍然是用高科技笔画的。将这幅图放在这里是因为其是淡色纸速写的一个极好的例子。大多数淡色纸速写都将纸张的色调用作绘制表面的基础中间颜色值。淡色纸绘画很好用，因为

与白纸不同，淡色纸上的线条对比度非常低。对比度较低时，在画最终的线条之前可以做更多的探索和尝试，正如此页这个例子所示，画线条并不那么简单，因此常用的技巧是添加一些颜色值或不透明的水粉背景来让物体更加醒目。

图36

10.12 数字化：Sketch Pro软件

这幅图片是用Autodesk的Sketchbook Pro完成的。数字绘画最有趣的一种方式是试用颜色值。这种方式也比使用各种传统工具干净整洁。用平板电脑或智能手机应用程序都可以绘画，非常有趣。但是，你要花时间学习如何操控这些软件，就如同你已经学会了如何使用非数字工具。即使这是一幅全颜色值速写，思考本书中的技巧仍然很重要。任何速写的画面都依赖于底衬绘画的质量。本系列的下一本书《产品渲染技法全教程》会详细讲解这种全颜色值速写。

词汇表

大气透视：绘画中一种绘制深度和距离的技巧，主要通过调整从图像平面向后退的物体的色调和辨识性，特别是通过降低明暗对比度来实现，又称大气透视。

边界框：确定实物整体维度的框。

参考点：绘画中在某个具体位置设置的点，以将透视图画得更加准确。

车轮上跳：上下移动、跳动。

齿：纸张表面的粗糙度。

底衬：置于纸张下面的图像或绘画，通常是透视网格，作为叠层加描的基础。

地平面：理论上的水平面，从图像平面开始向水平线后退。

叠层：置于照片或其他艺术作品上的一张透明纸，用于进行修改。

顶部覆盖：向外弯曲。在物体主体面上覆盖，是一种复合曲线，通常是凸起的，在一个平面上时，其只是曲线。

度数（椭圆）：在透视绘画中由圆形确定的看向平面的视线角。

短轴：从较窄的面将椭圆一分为二的线。短轴通常与椭圆所在的平面垂直。

辅助消失点：物体或景观的二级元素，如斜坡或斜屋顶，向后退的平行线交汇的点。

光学畸变：明显的效果是图像的绘制围绕一个球体（或桶）展开。鱼眼镜头取半球视图，利用这种变形可以将无限宽的物体平面映射至有限的图像区域。

画穿：将一个表面画穿，如同这个表面具有看不见的皮肤一样，用这种技巧完成的绘画就像3D建模程序中的接线框。

交汇：随着平行线向远处后退，似乎在视线（又称水平线）的某个单独的点上相交。

轮舱：车身上覆盖车轮和轮胎的凹槽，空间需要够大，悬置的轮胎才能实现全距移动。

轮廓线：围绕物体表面，揭示物体表面特征的线条。

MODO：Luxology公司的一种3D建模和绘图软件。

门下围板：车辆乘客舱下面的镶嵌板。

内倾角：汽车侧面腰线以上向内凹的弧形。

剖面线：竖直或水平围绕物体表面的平行线条，揭示物体表面特征。截面线条类似于3D设计中的接线框。

切割线：两个相邻柱体平面的必要间隙，如车门和侧面车身间的间隙。

嵌边：额外的一个体积，通常在圆形的截面上将两个相交的体积结合在一起。

视角：观察某人或某物的位置。

视线：从眼睛的视网膜向外延伸至眼睛所看到的物体之间的直线。

视锥角：视锥角为画面呈现的与普通视觉相关的、不包含外围视觉的视觉区域。

水平线：穿过图片的水平线条，其位置决定了观察者的视线。

缩略草图：小的、快速的、精准的、描述性速写。

SketchUp：3D建模和绘图软件。

特征线：重要的特点线或折痕，因两个面在物体表面相交而产生，使图形具有识别度和个性或特征。

透视：在平坦的表面画体积或空间关系的技巧。

透视网格：用于表示地平面上或X-Y-Z面上系统线条网络的透视关系的线条网络。

图像平面：对图片进行极端的透视缩短所产生的画面，与物质表面范围一致，但又与物质表面不同，也是观察者与图片的视线交点。

椭圆：透视中的圆形。

线宽：所画线条的粗细。

线性透视：一种在二维表面展示三维物体及空间的数学系统，通过画竖直或水平的相交线条及从水平线上的一个点（单点透视）、两个点（两点透视）或多个点向外辐射的线条实现，想象观察者站在任意固定的位置。

消失点：向后退的平行线交汇的点。

X面：X截面所在的面，通常被认为是物体的前后视图。

腰线：将车身分割为上下两部分的水平界限，特别是位于车窗正下方的线，座舱上部和下方车身侧面或车肩的连接处。

Y面：Y截面所在的面，通常被认为是物体的侧视图。

晕化：对比度低的线条或颜色值，让人对深度产生错觉。

站位点：观察者相对于所画的物体/人站立的点。可以很高，也可以很低，高=鸟瞰，低=仰视。

遮挡：在视觉上一个面将另一个面藏起来。

正交视图：画面上物体单独的一个视角，不含任何透视交汇，又称工程图视图。

轴线：坐标系中的一条参考线。

轴距：前后轮中点之间的距离。

座舱：汽车的座舱（或玻璃房）包含挡风玻璃、后窗和侧窗、将其划分的支柱（A柱、B柱等，从汽车前部开始依次类推）以及车顶。

Z面：Z截面所在的面，通常被认为是物体的顶视图或底视图。

索引

产品设计畅销书系列

书名：产品设计手绘技法
书号：9787500685852
定价：118 元

书名：产品手绘与创意表达
书号：9787515308333
定价：118 元

书名：产品手绘与设计思维
书号：9787515344362
定价：168 元

畅销书系列

国际插画大师惠特拉奇系列

书名：国际插画大师惠特拉奇的动物绘本：
　　　从现实到幻想
书号：9787515339849
定价：108 元

书名：国际插画大师惠特拉奇的动物画教程：
　　　艺用生物解剖
书号：9787515340845
定价：118 元

书名：国际插画大师惠特拉奇的动物画教程：
　　　创造奇幻生物的法则
书号：9787515342979
定价：168 元

动画大师课畅销书系列

动画大师课：场景透视
页码：228 页
定价：149 元

动画大师课：分镜头脚本设计
页码：120 页
定价：128 元

动画大师课：人物透视
页码：132 页
定价：139 元

动画大师课：场景绘画技巧
页码：144 页
定价：139 元

动画大师课：画幅与分镜
页码：132 页
定价：139 元